猕猴桃生产过程管理和精准管控

朱加虹　主编

中国农业科学技术出版社

图书在版编目(CIP)数据

猕猴桃生产过程管理和精准管控 / 朱加虹主编 . --北京：中国农业科学技术出版社，2023. 11

ISBN 978-7-5116-6550-8

Ⅰ. ①猕… Ⅱ. ①朱… Ⅲ. ①猕猴桃-果树园艺 Ⅳ. ①S663. 4

中国国家版本馆 CIP 数据核字(2023)第 229074 号

责任编辑 崔改泵
责任校对 李向荣
责任印制 姜义伟 王思文

出 版 者 中国农业科学技术出版社
北京市中关村南大街 12 号 邮编:100081
电 话 (010) 82109194 (编辑室) (010) 82109702 (发行部)
(010) 82109709 (读者服务部)
网 址 https://castp.caas.cn
经 销 者 各地新华书店
印 刷 者 河北鑫彩博图印刷有限公司
开 本 170 mm×240 mm 1/16
印 张 12. 75 彩页 92 面
字 数 220 千字
版 次 2023 年 11 月第 1 版 2023 年 11 月第 1 次印刷
定 价 60. 00 元

《猕猴桃生产过程管理和精准管控》

编 委 会

主　编：朱加虹

副主编：雷　靖　刘　岩　张慧琴　胡桂仙

　　　　焦永亮　郑章良　叶方伟　谢义福

编　委：毛建慧　郑文旺　虞东阳　林　亮

　　　　卢明阳　刘　丹　徐林茂　郑仁法

　　　　王小清　郑洪兴　林　芬　林庆柱

　　　　王君虹　张　玉　赖爱萍　柴素洁

　　　　吕靖芳　余纪萱

目　录

第一章　中国猕猴桃概况

猕猴桃风味独特，口感鲜美，富含维生素 C、膳食纤维和多种矿物营养，并具有诸多的保健功效，是当今世界备受青睐的重要水果种类之一。猕猴桃自 20 世纪初开始驯化至今仅有 120 余年的栽培历史，但其发展速度惊人，经济效益可观。

中国虽为猕猴桃的原产中心，然真正意义上的商业化栽培却始于新西兰。20 世纪初，新西兰人从中国带走野生猕猴桃种子，而后从中选育出可用于猕猴桃商业化栽培的品种；20 世纪 30 年代初，世界上首个猕猴桃园建立于该国的 Wangannui；20 世纪 50—70 年代，新西兰猕猴桃栽培逐步实现了集约化、产业化和国际化。20 世纪 70 年代末，猕猴桃商业化栽培才在全球展开，目前有 20 多个国家栽培猕猴桃。根据 FAO 数据，截至 2021 年，世界猕猴桃主要生产国收获面积约 286 934 hm^2。其中，位居前 3 位的分别是中国 199 138 hm^2，占比达 69.4%；意大利 24 850 hm^2，占比 8.7%；新西兰 15 523 hm^2，占比 5.4%。其次是希腊 12 570 hm^2，占比 4.4%；伊朗 9 760 hm^2，占比 3.4%；智利 7 374 hm^2，占比 2.6%。随后是法国、葡萄牙、土耳其等国家。前 6 位国家猕猴桃面积占世界总面积的 93.8%。根据 FAO 数据，截至 2021 年，世界猕猴桃主要生产国产量达 4 467 099 t。其中，位居前 3 位的分别是中国 2 380 787 t，占世界产量比例达 53.3%；新西兰 628 496 t，占比 14.1%；意大利 416 060 t，占比 9.3%。其次是希腊 313 390 t，占比 7.0%；伊朗 294 263 t，占比 6.6%；智利 139 560 t，占比 3.1%。另外，土耳其、法国、葡萄牙、美国等国家也有猕猴桃商业化种植。产量前 6 位国家猕猴桃产量占世界总产量的 93.4%。我国虽自秦汉时期就有零星栽培猕猴桃的尝试，但其商业化栽培起步于 20 世纪 70 年代末，迄今已发展成为最大的猕猴桃生产国，其面积和产量均高居世界第一，从而打破了新西兰猕猴桃主宰世界商业化生产 70 余年的格局，迎来了我国猕猴桃产业再创辉煌的新时期。

第一节　我国猕猴桃产业崛起迅速

一、面积产量

40 多年来，我国猕猴桃商业化生产呈现持续快速增长态势，其发展速度始终保持世界领先。从 1978 年约 1 hm^2 的猕猴桃园为起点，1990 年发展到 4 000 hm^2，1996 年猛增至 4 万 hm^2，之后一直成倍增长，至 2021 年栽培面积达 19 万 hm^2。根据 FAO 最新统计数据，2021 年中国猕猴桃产量 238.08 万 t，栽培面积 19.91 万 hm^2，分别比 2013 年增加了 92.6%和 82.7%。

二、区域布局

中国的猕猴桃主产区分布于陕西、四川、湖南、贵州、浙江、江西、河南、广东和湖北等省份。根据中国园艺学会猕猴桃分会的调查统计，截至 2017 年，陕西省是全国最大的猕猴桃产区，其猕猴桃栽培面积达 6.87 万 hm^2，占全国总面积的 28.4%，产量为 139 万 t，占全国总产量的 54.6%。四川省为我国第二大猕猴桃产区，2017 年其猕猴桃栽培面积达 4.0 万 hm^2，产量为 24.4 万 t。贵州省排名第三，其猕猴桃栽培面积达 3.28 万 hm^2，产量为 12.7 万 t。其他主产区的猕猴桃栽培面积为 0.3 万～1.7 万 hm^2，产量为 2 万～20 万 t。主产区的猕猴桃栽培面积和产量详见表 1-1。

表 1-1　我国猕猴桃主产区 2017 年面积和产量分布与所占比例

省份或地区	栽培面积/万 hm^2	占总面积的比例/%	产量/万 t	占总产量的比例/%
陕西	6.87	28.4	139.0	54.6
四川	4.00	16.5	24.4	9.6
贵州	3.28	13.6	12.7	5.0
湖南	1.67	6.9	20.0	7.9
河南	1.33	5.5	8.5	3.3
重庆	1.31	5.4	5.1	2.0
江西	1.23	5.1	16.7	6.5
湖北	0.87	3.6	5.4	2.1
浙江	0.83	3.4	9.6	3.8
云南	0.78	3.2	3.0	1.2
广西	0.44	1.8	1.3	0.5

（续表）

省份或地区	栽培面积/万 hm^2	占总面积的比例/%	产量/万 t	占总产量的比例/%
山东	0.33	1.4	4.0	1.6
广东	0.33	1.4	3.0	1.2
安徽	0.33	1.4	2.0	0.8
江苏	0.17	0.7	—	—
福建	0.15	0.6	—	—
东北	0.27	1.1	—	—
合计	24.19	—	254.6	—

三、品种结构

我国的猕猴桃栽培品种按其果肉颜色分成绿肉、黄肉和红肉（心）3类，其中绿肉品种多数选自美味猕猴桃（*Actinidia chinensis* var. *deliciosa* A. Chevalier），而黄肉品种和红心（内果皮）品种均选自中华猕猴桃（*A. chinensis* Planchon）。根据第八届国际猕猴桃会议（2014年，四川蒲江）资料，我国种植的猕猴桃绿肉品种占总产量的75.3%，黄肉品种占7.7%，红心品种占8.1%，其他如毛花猕猴桃和软枣猕猴桃占8.9%。绿肉类品种主要有‘海沃德’‘徐香’‘秦美’‘米良1号’‘金魁’‘贵长’‘亚特’‘布鲁诺’‘武植3号’‘翠玉’‘翠香’；黄肉类品种主要有‘金艳’‘华优’‘金丰’‘金桃’；红肉类品种主要有‘红阳’‘东红’和‘晚红’。其中‘海沃德’‘秦美’‘徐香’‘红阳’‘米良1号’‘金艳’的栽植面积较大，2013年前5个品种占总产量的比例分别达到33.1%、12.2%、12.1%、8.1%、7.3%（表1-2）。根据郭耀辉的资料，随着猕猴桃面积快速扩张，主产区收购价格大幅下降，2019年10月，全国批发市场均价为7.5元/kg，绿肉、黄肉和红肉猕猴桃田间收购价从2014年的5.4元/kg、8.6元/kg和12.9元/kg降为3.2元/kg、3.6元/kg和6.4元/kg，降幅分别为40.7%、55.6%和50.6%。

表1-2　不同品种2013年面积、产量、比例和批发价（Ferguson，2014）

品种	分类	面积/hm^2	产量/t	比例/%	批发价/(元/kg)
绿肉					
海沃德	美味	28 730	409 500	33.1	10

（续表）

品种	分类	面积/hm^2	产量/t	比例/%	批发价/(元/kg)
徐香	美味	9 830	149 600	12. 1	5
秦美	美味	8 170	150 600	12. 2	3
米良 1 号	美味	6 500	90 000	7. 3	1. 5
金魁	美味	3 560	58 300	4. 7	10
贵长	美味	2 000	20 000	1. 6	10
亚特	美味	1 330	18 000	1. 5	5
布鲁诺	美味	670	15 000	1. 2	7
武植 3 号	中华	680	11 000	0. 9	8
翠玉	中华	670	9 000	0. 7	—
翠香	美味	1 000	4 350	0. 4	—
黄肉					
华优	美味×中华	3 330	44 000	3. 6	5
金艳	毛花×中华	7 680	39 600	3. 2	20
金丰	中华	700	10 500	0. 9	6
金桃	中华	730	400		20
红肉（心）					
红阳	中华	16 630	100 000	8. 1	28
其他		17 360	106 450	8. 6	
总和		109 000	1 236 300		

四、贸易状况

与新西兰、意大利、智利和希腊等主要猕猴桃生产国和出口国不同，中国的猕猴桃生产主要面向内销，目前其年出口量一般尚不足年生产量的1%。我国作为世上最大的猕猴桃生产国，2013 年出口猕猴桃仅 1 478 t，而进口猕猴桃达 48 243 t。国内猕猴桃年销量约达 128. 31 万 t。猕猴桃售价主要因品种不同而差异较大。以 2013 年为例，每千克‘红阳’猕猴桃批发价为 28 元，而‘米良 1 号’仅 1. 5 元，‘海沃德’10 元，‘徐香’5 元，‘秦美’3 元，‘金艳’和‘金桃’均为 20 元。

五、产业技术

我国自 1978 年开展猕猴桃种质资源普查以来，在品种选育及种质创新、果园栽培技术、育苗、贮运保鲜及加工利用等产业技术方面均取得了重要进展和长足发展，为我国猕猴桃产业的快速崛起提供了技术支撑。特别在品种选育和种质创新方面：首先，基本查清了我国猕猴桃资源的本底状况，全国有 27 个省、自治区、直辖市完成了全域或部分地区、县的猕猴桃资源调查。猕猴桃原产我国，全世界猕猴桃属植物共有 54 种，其中有 52 个为中国特有分布和中心分布，其物种资源和优异种质资源极为丰富。其次，获得了一批猕猴桃新品种、新品系。从美味猕猴桃、中华猕猴桃、软枣猕猴桃及毛花猕猴桃野生群体中筛选出了 1 450多个优良单株，并通过实生、杂交和芽变等育种方法选育出 100 多个优良猕猴桃品种（系）。其中，'红阳''金艳'等 9 个品种已成为我国的主栽品种，中国科学院武汉植物研究所选育的'金桃'（'武植 6 号'）已成功进入欧洲市场，湖北省农业科学院果树茶树研究所选育的'鄂猕2 号'（'金农'）和'鄂猕3 号'（'金阳'）也已成功进入美洲市场，而浙江省农业科学院园艺所最新育成的'华特'和'玉玲珑'等毛花猕猴桃品种，率先发掘了一个我国特有的猕猴桃优异种质。

第二节　猕猴桃产业技术存在的问题与对策

一、存在问题

（一）品种不够优化

缺乏能引领市场导向的重大品种，'红阳''金桃'等主栽品种易感毁灭性的溃疡病。品种结构和区域布局不合理，优质品种、早熟品种、抗病品种和区域特色品种的栽培面积偏少或尚没形成规模化生产。品种更新换代较慢，低档次的劣质品种仍在充斥市场。

（二）良法不够健全

标准化生产技术不系统、不全面、不深入。整形修剪、肥水调控、花果管理、病虫防治和采收贮运等关键技术欠完善、不到位。绿色生产意识不够强，化学肥料和农药过量使用，果实膨大剂滥用现象依然存在。品质的均一化和稳定性较差，优质果率比例偏低，果品市场竞争力不强。

（三）苗木不够优良

猕猴桃良苗繁育体系不健全、不配套，缺乏标准化、专业化、设施化和规模化的良苗生产基地。苗木品种不纯甚至混杂、质量良莠不齐现象比比皆是，健康苗木和优良苗木的比例较低。无性系专用砧木和抗性砧木缺乏，育苗方法和育苗设施落后。

（四）园地不够条件

猕猴桃要求土层深厚，疏松肥沃，通透性好，土壤微酸性至中性，排灌方便，并保持地下水位在 1 m 以下。但目前我国多数猕猴桃园地尚不能完全达到以上土壤条件，加之基础设施简陋，抗涝抗旱的能力十分不理想，以致涝害、旱灾或由此引发的病害频繁发生。

二、主要对策

（一）加快重大品种选育，优化产业布局和品种结构

做好我国猕猴桃优势区域发展规划，突出优势区域的资源特色，适当压缩低档次品种，控制易感溃疡病品种的比例，重点发展优质、早熟、抗溃疡病和具有区域特色的优势品种。

（二）强化标准化技术研发，实现优质果生产提质节本增效

研发集成无公害生态栽培技术、提质节本增效栽培技术、营养诊断配方施肥、病虫害绿色生物防治及专业化统防统治技术、高效商品化处理技术，建立完善实用性强、可操作的标准化生产技术规程，加大标准化生产技术的培训和指导，结合标准猕猴桃园和基础性设施的建设，大力推进猕猴桃产业的改造升级。

（三）加强良种繁育体系建设，提高优质种苗覆盖率

建立猕猴桃优质标准化苗木工厂化繁育技术体系。建立猕猴桃砧木、品种、品系无病毒资源圃，优新品种栽培中试基地，良砧良穗苗木培育基地，集品种引进、选育、中试、脱毒、扩繁、推广为一体，实现猕猴桃生产的良种优系化、栽培技术标准化、生态环保化。完善苗木生产技术标准和质量检测标准，在苗木繁育技术上，逐步使用抗逆性砧木嫁接，培育适应集约化栽培、进入结果年限早的健康大苗。

（四）加强技术装备的研发与推广，提高综合生产能力

引导企业参与，整合物质、技术资源，加强项目衔接，提高产前、产中和产后各个生产环节的综合机械化水平，提高资源利用率和劳动生产率，实现猕猴桃产业的省力化、机械化、集约化发展。

（五）研发采后商品化处理和加工技术，提高产品档次和附加值

大力推行猕猴桃采后商品化处理、精深加工、废料加工、下脚料综合开发利用，对商品化处理与加工技术中的关键环节进行攻关，减少采后损失，提高猕猴桃商品化处理能力及精深加工能力，促进产品多样化和产业链延伸，增加产品附加值。

第二章　猕猴桃新品种

品种是猕猴桃产业效益的前提和保证，是其发展的首个要素，选择好适销对路的优良品种是其高效经营的坚实基础。目前，生产上对品种的选择要求主要为果实品质佳、外观美；树体适性广、抗逆（病）性好、投产早、丰产稳产。现在生产上栽培的猕猴桃从种类上分主要为美味猕猴桃和中华猕猴桃，其次为毛花猕猴桃和软枣猕猴桃；从果肉颜色上又分为绿肉、黄肉和红肉等 3 个系列的品种。其主要栽培品种介绍如下。

一、中华猕猴桃雌性品种

（一）红肉系列

1. 红阳

由四川省自然资源研究所和苍溪县农业农村局从野生中华猕猴桃资源实生后代中选出。果实长圆柱形兼倒卵形，果顶凹陷，果皮绿色，果毛柔软易脱，果皮薄，果肉外缘黄绿色、中轴白色，子房鲜红色，呈放射状图案，单果重 50 ~ 80 g。含酸量低，可溶性固形物达 19.6%，维生素 C 含量为 136 mg/100 g 鲜果。该品种品质优良，树势较弱，对溃疡病、褐斑病、叶斑病的抗性比较弱，耐旱、耐热性差。3 月初萌芽，4 月中旬初花，8 月下旬成熟。

2. 楚红

由湖南省农业科学院园艺研究所从野生猕猴桃资源中选育而出。果实长椭圆形或扁椭圆形，平均单果重为 70 ~ 80 g，果皮深绿色无毛，果肉黄绿色，近中央部分中轴周围呈艳丽的红色，横切面从外到内呈现绿色—红色—浅黄色。果肉细嫩，可溶性固形物含量为 14% ~ 18%，有机酸含量为 1% ~ 2%，维生素 C 含量 100 ~ 150 mg/100 g 鲜果，果实贮藏性一般。该品种适应范围广，具有较强的抗高温干旱和抗病虫能力，在湖北武汉，3 月中旬萌芽，4 月底至 5 月初开花，9 月下旬果实成熟，配套雄性品种为‘磨山 4 号’。

（二）黄肉系列

1. 金艳

由中国科学院武汉植物园于 1984 年利用毛花猕猴桃作母本、中华猕猴桃作父本，从 F_1 代中选育而成。果实长圆柱形，平均单果重为 100~120 g，果顶微凹，果蒂平；果皮厚，黄褐色，密生短茸毛。果肉黄色，质细多汁，味香甜，可溶性固形物含量为 14%~16%，总糖为 9%，有机酸含量为 0.9%，维生素 C 含量 105 mg/100 g 鲜果。果实较耐贮，软熟后货架期长达 15 d，低温下（0~2 ℃）可贮存 180 d。该品种树势生长旺，3 月上旬萌芽，4 月底至 5 月上旬开花，10 月底至 11 月上旬果实成熟，配套雄性品种为‘磨山 4 号’。

2. 金桃

由中国科学院武汉植物园于 1981 年从野生中华猕猴桃资源中选出。果实长圆柱形，平均单果重为 90 g，成熟时果面光洁无毛，外观漂亮。果实可溶性固形物含量为 15%~18%，总糖为 8%~10%，有机酸含量为 1.2%~1.7%，维生素 C 含量为 197 mg/100 g 鲜果。品质上等，耐贮。该品种树势中庸，枝条萌发力强，结果早，丰产稳产，耐热性好。3 月中下旬萌芽，4 月下旬至 5 月上旬初开花，9 月中下旬果实成熟。配套雄性品种为‘磨山 4 号’。

3. 金果（Hort-16A）

新西兰专利品种，果实长卵圆形，果喙端尖，果实中等大小，平均单果重为 80~140 g。软熟果肉黄色至金黄色，肉质细嫩，具芳香，风味浓郁，可溶性固形物含量为 15%~19%。树势旺，枝条萌发率强，极易形成花芽，连续结果能力强，坐果率达 90%以上。在四川蒲江县 3 月初萌芽，4 月上、中旬初花，9 月下旬成熟。新西兰授粉品种为‘Sparkler’和‘Meteor’。

4. 金丰

由江西省农业科学院园艺研究所从江西省奉新县野生资源中选育而成。果实椭圆形，整齐一致，平均单果重为 81~107 g，果皮黄褐色至深褐色，密被短茸毛，易脱落。果肉黄色，质细汁多，甜酸适口，微香，可溶性固形物含量为 10%~15%，总糖为 5%~11%，有机酸含量为 1.1%~1.7%，维生素 C 含量为 89~104 mg/100 g 鲜果。果心较小，果实较耐贮运。该品种植株长势强，抗风、耐高温干旱能力强、适应性广，是较好的制汁、鲜食兼用的晚熟品种。3 月上旬萌芽，4 月下旬开花，10 月中下旬果实成熟。配套雄性品种为‘磨山 4 号’。

5. 华优

由陕西省农村科技开发中心、周至县猕猴桃试验站、西北农林科技大学等单位共同从酒厂收购的混合种子实生后代中选育而成。果实椭圆形，平均单果重为 80~110 g，果皮黄褐色绒毛稀少，果皮较厚，较难剥离；果肉黄色或黄绿色，肉质细，汁液多，香气浓，风味甜，可溶性固形物含量为 17%，总酸含量为 1.1%，维生素 C 含量为 162 mg/100 g 鲜果；果心小，柱状，乳白色。果实在室温下，后熟期为 15~20 d，在 0 ℃条件下，可贮藏 150 d 左右。该品种树势强健，抗性强。在陕西，3 月中旬萌芽，4 月底至 5 月上旬开花，9 月中旬果实成熟，配套雄性品种为‘磨山 4 号’。

（三）绿肉系列

翠玉

由湖南省农业科学院园艺研究所从野生猕猴桃资源中选育而成。果实圆锥形，平均单果重为 85~95 g，果皮绿褐色，成熟时果面无毛，果点平，果肉绿色，肉质致密，细嫩多汁，风味浓甜，可溶性固形物含量为 14%~18%，总糖含量为 10%~13%，有机酸含量为 1.3%，维生素 C 含量为 93~143 mg/100 g 鲜果。果实较耐贮藏，室温下可贮藏 30 d 以上，在 0~2 ℃条件下，可贮藏 120~180 d。植株树势较强，抗逆性较强，抗高温干旱、抗风力均强。在湖北武汉，3 月中旬萌芽，4 月底至 5 月上旬开花，10 月中下旬果实成熟，配套雄性品种为‘磨山 4 号’。

二、中华猕猴桃雄性品种

磨山 4 号

由中国科学院武汉植物园从野生中华猕猴桃资源中选出。花期长，花粉量大，发芽率高，可育花粉多。生长势中等，抗病虫能力强。其栽培重视花后复剪，即在冬季以轻剪为主，花后立即重短截，减少占据空间，同时促发健壮新梢作为翌年开花母枝。在湖北武汉，花期为 4 月中旬至 5 月上旬，落叶期为 12 月中旬左右。

三、美味猕猴桃雌性品种

目前用于生产的几乎均为绿肉系列。

1. 海沃德

新西兰品种，为国际上各猕猴桃种植国家的主栽品种。果实成熟期为11月中下旬。果实长椭球形，平均单果重约为80 g，果肉翠绿色，致密均匀，果心小。可溶性固形物含量为12%~17%，酸甜适口，有香气。果品贮藏性和货架期居目前所有栽培猕猴桃品种之首，但其投产较迟，丰产性较差，树势偏弱，需较高的配套管理措施。幼树除了加强肥水管理，促进树体生长以外，还需采用促花促果措施，促其提早结果。

2. 徐香

由江苏省徐州市果园选出。果实圆柱形，果形整齐一致，平均单果重为70~110 g，最大果重为137 g，果皮黄绿色，被黄褐色茸毛，梗洼平齐，果顶微突，果皮薄，易剥离；果肉绿色，汁液多，肉质细致，具果香味，酸甜适口，可溶性固形物含量为15.3%~19.8%，维生素C含量为99.4~123.0 mg/100 g鲜果，总酸为1.34%，总糖为12.1%，果实后熟期15~20 d，货架期15~25 d，室内常温下可存放30 d左右，在0~2 ℃冷库中可存放90 d以上。

3. 翠香（西猕九号）

由西安市猕猴桃研究所和周至县农技站从野生猕猴桃资源中选育而成。果实美观端正、整齐、椭圆形，最大单果重为130 g，平均单果重为82 g，果肉深绿色，味香甜，芳香味极浓，品质佳，适口性好，质地细而果汁多，可溶性固形物含量可达17%以上，总糖为5.5%，总酸为1.3%，维生素C含量为185 mg/100 g鲜果。在陕西周至县，3月中旬萌芽，4月下旬至5月上旬开花，9月上旬果实成熟。

4. 米良1号

由湖南吉首大学从湖南野生猕猴桃资源中选出。果实长圆柱形，果皮褐密生硬毛，中等大，平均单果重为87~110 g，果肉绿黄色，果皮棕褐色，汁液多，有芳香，可溶性固形物含量为15%~18%，总糖为7%，总酸为1.5%，维生素C含量为152 mg/100 g鲜果。耐贮藏，室温下贮藏20~30 d。3月上旬萌芽，4月下旬开花，10月下旬果实成熟。

5. 金硕

由湖北省农业科学院果茶研究所实生选育而成。果实长椭球形，平均单果重为 120 g，果柄粗短，果面绒毛黄褐色、柔软、短，食用时果皮易剥离。果心长椭圆形，浅黄色，果肉绿色，肉质细腻，风味浓郁，可溶性固形物含量为 17.4%，总糖为 9.22%，可滴定酸为 1.8%，维生素 C 含量为 104 mg/100 g 鲜果。在武汉 10 月上中旬成熟，耐贮性较强，常温条件下贮藏 20~30 d。

6. 金魁

由湖北省农业科学院果茶研究所实生选育而成。果实椭球形或圆柱形，平均单果重为 100 g 以上，果顶平，果蒂部微凹，果面黄褐色，茸毛中等密，棕褐色，少数有纵向缢痕。果肉翠绿色，汁液多，风味浓郁，具清香，果心较小，可溶性固形物含量为 18%~26%，总糖为 13%，有机酸为 1.6%，维生素 C 含量为 110~240 mg/100 g 鲜果，耐贮性较强，常温条件下贮藏 40 d。树势生长健壮，在武汉 3 月上旬萌芽，4 月底至 5 月初开花，10 月底至 11 月上旬果实成熟。

7. 布鲁诺

新西兰选育。果实长椭球形或长圆柱形。平均单果重为 90~100 g，果皮褐色，被褐色粗长硬毛，不易脱落。果肉翠绿色，果心小，汁多，味甜酸，含可溶性固形物含量为 14%~19%，总糖为 9%，有机酸为 1.5%，维生素 C 含量为 166 mg/100 g 鲜果，果实耐贮，货架期长。植株长势旺，3 月下旬萌芽，4 月底至 5 月初开花，10 月底果实成熟。

四、美味猕猴桃雄性品种

1. 马图阿（Matua）

花期较早，为早中花期美味和中华猕猴桃雌性品种的授粉品种。花期长达 15~20 d，花粉量大，每个花序多为 3 朵花。可用作‘徐香’等品种的授粉品种。

2. 陶木里（Tomuri）

花期较晚，为中晚期美味和中华猕猴桃雌性品种的授粉品种。花期长达 15~20 d，花粉量大，每个花序多为 3 朵花。可用作‘海沃德’等晚花型品种的授粉品种。

3. 帮增 1 号

为‘米良 1 号’的授粉品种。花期较长，有 15 d 左右，花粉量大。

五、毛花猕猴桃雌性品种

目前用于生产的尚只有绿肉系列。

华特

由浙江省农业科学院园艺研究所从野生毛花猕猴桃实生群体中选育而成，于 2005 年定名为‘华特’，2008 年获中国植物新品种保护权。果实长圆柱形，平均单果重为 80 g 以上，果肩圆，果顶微凹，果皮绿褐色，上密集灰白色长绒毛，极易与果肉剥离。果肉绿色，髓射线明显，肉质细腻，爽口，可溶性固形物含量达 13%以上，可滴定酸为 1.24%，总糖为 9%，维生素 C 含量为 628 mg/100 g 鲜果，果实常温可贮藏 90 d。植株生长势强，结果能力强，在徒长枝和老枝上均能萌发结果枝，产量高。在浙南于 5 月上中旬开花，10 月下旬至 11 月上旬采收。授粉雄株为‘毛雄 1 号’。

六、毛花猕猴桃雄性品种

毛雄 1 号

由浙江省农业科学院园艺研究所从野生毛花猕猴桃实生群体中选育而成，于 2005 年定名为‘毛雄 1 号’。花期长，花粉量大，发芽率高，可育花粉多。生长势中等，抗病虫能力强。其栽培重视花后复剪，即在冬季以轻剪为主，花后立即重短截，减少占据空间，同时促发健壮新梢作为翌年开花母枝。在浙南地区，花期为 5 月上中旬，落叶期为 12 月中下旬。为‘华特’和‘玉玲珑’等毛花猕猴桃品种的授粉品种。

七、软枣猕猴桃雌性品种

（一）红肉系列

1. 红宝石星

由中国农业科学院郑州果树研究所从野生猕猴桃资源中选育出的全红型软枣猕猴桃。果实长椭球形，平均单果重为 19 g，果实横切面为卵形，果喙端形状微尖凸。果皮、果肉和果心均为玫瑰红色，果实多汁，可溶性固形物含量为 14%，总糖为 12%，有机酸为 1.1%，果心较大，种子小且多。植株树势较弱，抗逆性一般，在郑州地区，5 月上中旬开花，8 月下旬至 9 月上旬果实成熟，11 月上旬开始落叶。

2. 天源红

由中国农业科学院郑州果树研究所从野生猕猴桃资源中选育出。果实卵圆形或扁卵圆形，平均单果重为 12 g，果皮光滑无毛，可食用，成熟后果皮、果肉和果心均为红色。果实多汁，含可溶性固形物为 16%，味道酸甜适口，有香味。植株树势较弱，抗逆性一般，成熟期不太一致，有采前落果，不耐贮藏（常温下贮藏 3 d 左右）。在郑州地区，5 月上中旬开花，8 月下旬至 9 月上旬果实成熟，11 月上旬开始落叶。

（二）绿肉系列

1. 丰绿

由中国农业科学院特产研究所从野生资源中选出。果实球形，果皮绿色，多汁细腻，酸甜适度，含可溶性固形物为 16%，总糖为 6%，有机酸为 1. 15%，维生素 C 含量为 255 mg/100 g 鲜果。植株长势中庸，适应性广，抗逆性强，在吉林市左家地区 4 月中下旬萌芽，6 月中旬开花，9 月上旬果实成熟。

2. 宝贝星

由四川省自然资源科学研究院利用野生猕猴桃群体的优良单株，进行无性繁殖选育而成的软枣猕猴桃新品种。果实短梯形，果皮绿色光滑无毛，平均单果重为 6. 91 g。果肉绿色，味甜，可溶性固形物含量为 23. 2%，总糖为 8. 85%，总酸为 1. 28%，维生素 C 含量为 198 mg/100 g 鲜果。2 月上旬萌芽，2 月下旬展叶抽梢，4 月中旬开花，5 月上旬坐果，9 月上旬果实成熟。11 月上中旬落叶，全年生长期为 250 d 左右。对叶斑病、褐斑病等有较强抵抗力。

3. 佳绿

中国农业科学院特产研究所利用野生软枣猕猴桃群体中的优良资源，经无性繁殖系统选育出的软枣猕猴桃新品种。果实长柱形，果皮绿色，光滑无毛，平均单果重为 19. 1 g。果肉绿色，可溶性固形物含量为 19. 4%，总糖为 11. 4%，总酸为 0. 97%，维生素 C 含量为 125 mg/100 g 鲜果，酸甜适口，品质上等。丰产性好，抗寒、抗病能力较强。吉林地区 9 月初果实成熟。

八、最新品种

（一）中华猕猴桃红肉系列品种

1. 红什 1 号

由四川省自然资源科学研究院以‘红阳’猕猴桃为母本，以黄肉大果型材料实生后代‘SF1998M’为父本杂交育成。果实较大，平均单果重为 85.5 g，最大为 95 g，椭球形；果肉黄色，子房鲜红色，呈放射状，维生素 C 含量为 147 mg/100 g 鲜果，总糖为 12.01%，总酸为 1.30%，可溶性固形物含量为 17.6%，干物质含量为 22.8%；风味好，甜酸适度，香气浓郁。3 月上旬萌芽，4 月中旬开花，9 月中旬果实成熟，12 月上旬开始落叶，年生长期 260 d 左右。

2. 红什 2 号

由四川省自然资源科学研究院从‘红阳’×‘SF0612M’实生后代中选出的红肉新品种。果实广椭球形，果皮绿褐色，有少量的短茸毛均匀分布在果皮表面，平均单果重为 77.64 g，最大为 102 g，果肉黄绿色，果实横切面呈红、黄绿相间图案，味甜，可溶性固形物含量为 17.1%，总糖为 7.26%，总酸为 0.184%，维生素 C 含量为 184 mg/100 g 鲜果。3 月上旬萌芽，下旬抽梢，4 月上旬展叶，中旬开花，5 月上旬坐果，9 月中旬果实成熟，12 月上旬落叶，全年生长期为 265 d 左右。较抗叶斑病、褐斑病。

3. 东红

中国科学院武汉植物园从‘红阳’品种开放式授粉种子播种一代群体中选育而成的红心猕猴桃新品种。果实长圆柱形，果顶微凸或圆，果面绿褐色，中等大小，平均单果重为 65~75 g，最大单果重为 112 g。果肉金黄色，种子分布区果肉呈艳红色，果肉质地紧密、细嫩，风味浓甜，香气浓郁，平均可溶性固形物含量为 15.6%~20.7%，干物质含量为 17.8%~22.4%，总糖含量为 10.8%~13.1%，可滴定酸含量为 1.1%~1.5%，果实维生素 C 含量为 113~160 mg/100 g 鲜果。果实生育期约 140 d，在武汉 4 月中旬开花、9 月上旬果实成熟。极抗软腐病、较抗溃疡病，耐热、耐旱。果实极耐贮藏，常温下可放 30~60 d，低温下可放 150~180 d，果实软熟后货架期长，常温下 15~20 d、低温下 90~120 d。

（二）中华猕猴桃黄肉系列品种

1. 金什1号

由中华猕猴桃实生选育而成的四倍体黄肉新品种。果实长梯形，果皮黄褐色，有中等量的短茸毛，平均单果重为85.83 g，最大单果重为102.4 g。果肉黄色，风味浓，具清香，可溶性固形物含量为17.5%，总糖为10.82%，总酸为0.143%，维生素C含量为205 mg/100 g鲜果。在四川德阳地区伤流期2月下旬，萌芽期3月中旬，抽梢期3月下旬，展叶期4月中旬，开花期5月上旬，坐果期5月中旬，9月下旬种子开始变黑，11月上旬果实生理成熟，落叶期12月上旬。

2. 金圆

由中国科学院武汉植物园通过‘金艳’与中华红肉猕猴桃雄株杂交选育而成。果实短圆柱形，平均单果重为84 g，果面黄褐色，密被短绒毛，不脱落；果肉金黄或深橙黄色，细嫩多汁，风味浓甜微酸，含可溶性固形物含量为14%~17%，总糖为10%，有机酸为1.3%，干物质含量为17%，维生素C含量为122 mg/100 g鲜果。在湖北武汉3月上中旬萌芽，4月下旬至5月初开花，9月底至10月上旬成熟，12月落叶休眠。

3. 金喜

由浙江省农业科学院园艺研究所通过中华黄肉品种‘金桃’与同种雄性品种‘金雄1号’杂交选育出。果皮黄褐色，成熟时果面光洁无毛，果顶和果蒂平，外观漂亮。果肉黄色，质细多汁，味香甜，果实可溶性固形物含量为16.1%~21.7%，总糖为12%，总酸为1.18%，维生素C含量为154 mg/100 g鲜果。果实贮藏性佳，常温下后熟需20 d左右，软熟后货架期可达7~10 d，低温下（0~4 ℃）可储存90~150 d。3月上、中旬萌芽，4月下旬至5月初开花，9月底至10月上旬果实成熟。

4. SunGold kiwifruit（Gold3，太阳金）

新西兰专利品种，4倍体。果实卵形，果皮黄绿至深褐色，平均单果重为136 g（疏果至每平方米46个果），果肉淡黄色，果心黄白，可溶性固形物含量为17.4%，味浓甜，果肉细嫩。维生素C含量为117 mg/100 g鲜果，贮藏期90~120 d，10月上采收。开花易，多花，高产，不易感溃疡病。

5. Charm Kiwifruit（Gold9，魅力金）

新西兰专利品种，4倍体。果实卵形，平均单果重为118 g（疏果至每平方米60个果），果皮绿褐色到黄褐色或深褐色，果肉淡黄，果心黄白，可溶性固形物含量为 17.7%，味浓甜，多汁，带有酸橙风味。维生素 C 含量为 117 mg/100 g 鲜果。冷藏下可贮藏 180～210 d，但果实有皱缩失水趋势。10 月下采收。开花易，多花，高产，不易感溃疡病。

（三）美味猕猴桃绿肉系列品种

1. sweet green kiwifruit（G14）

新西兰专利品种，4 倍体。果实长倒卵形，平均单果重为 116 g（疏果至每平方米 35 个果），果皮绿褐至微红褐色，外果肉绿色，但果实采后置于 20 ℃条件下或在蔓上软熟时，变成黄绿色，内果肉淡绿，果心黄白，可溶性固形物含量为 20.3%，味浓甜，肉质细嫩，维生素 C 含量为 149 mg/100 g 鲜果，贮藏期 90～180 d。10 月底至 11 月初采收，不易感溃疡病。

（四）毛花猕猴桃绿肉系列品种（系）

1. 玉玲珑

由浙江省农业科学院园艺研究所从野生毛花猕猴桃实生群体中选育而成，于 2014 年定名为‘玉玲珑’。果实短圆柱形，平均单果重为 30 g，果肩圆，果顶微凹，果皮绿褐色，上密集灰白色长绒毛，果实软熟时极易与果肉剥离。果肉绿色，髓射线明显，品质上，肉质细腻，风味浓，可溶性固形物含量达 15%以上，可滴定酸为 1.14%，总糖为 11%，维生素 C 含量为 548 mg/100 g 鲜果，果实常温可贮藏 90 d。植株生长势强，结果能力强，在徒长枝和老枝上均能萌发结果枝，产量高，抗性好。在浙南于 5 月上旬开花，10 月下旬树上软熟，可在树上挂果 1 个多月。授粉雄株为‘毛雄 1 号’。

2. 赣猕 6 号

由江西农业大学从野生毛花猕猴桃自然变异群体中选育而成。果实长圆柱形，果面密被白色短茸毛。果实中大，平均单果重为 72.5 g，最大单果重为 96 g。果肉墨绿，可溶性固形物含量为 13.6%，可滴定酸含量为 0.87%，干物质含量为 17.3%。维生素 C 含量为 723 mg/100 g 鲜果。果实成熟期为 10 月下旬。

3. 超华特

由浙江省农业科学院园艺研究所从野生毛花猕猴桃自然变异群体中选育而成，于 2015 年定名为‘超华特’。果实非标准长圆柱形，果喙端比果肩部直径大，果实中大，平均单果重为 65.6 g，最大单果重为 89 g。果肉绿色，有香味，可溶性固形物含量为 14.2%～17.5%，可滴定酸为 1.08%～1.18%，总糖为 10.8%～11.9%，维生素 C 含量为 520～590 mg/100 g 鲜果，果实 11 月上中旬可在树上软熟，达食用状态时易剥皮，肉质细嫩果糖味。植株生长势强，结果能力强，在徒长枝和老枝上均能萌发结果枝，产量高，抗性好。

4. 甜华特

由浙江省农业科学院园艺研究所从野生毛花猕猴桃自然变异群体中选育而成，于 2015 年定名为‘甜华特’。果实非标准短圆柱形，果肩部比果喙端直径大，平均单果重为 42.5 g，最大单果重为 79 g。果肉绿色，可溶性固形物含量为 15.5%～19.7%，可滴定酸为 0.95%～1.05%，总糖为 11.2%～12.3%，维生素 C 含量为 550～615 mg/100 g 鲜果，果实 11 月上旬可在树上软熟，达食用状态时易剥皮，肉质细嫩，味甜。植株生长势强，结果能力强，在徒长枝和老枝上均能萌发结果枝，产量高，抗性好。

第三章　猕猴桃育苗技术

繁育即繁衍产生后代，包括种子繁殖后代和营养繁殖后代，是猕猴桃生产的一个重要阶段。猕猴桃的经济寿命虽较长，但由于立支架和投产迟等原因，使其建园成本相对较高。因此，极力主张猕猴桃生产者仅选用在生长结果上很有潜力的高质量植株进行栽培。当前果树栽培趋向宽行距种植，且要求植株生长均一、适于机械化作业和一致性管理。猕猴桃栽培也有相同的发展趋势，这说明猕猴桃产业需要专业的良种良苗生产，以确保能为猕猴桃生产提供在长势、产量和品质等方面颇具潜力的优良苗木。

第一节　实生繁殖

一、实生苗

国外目前常用的育苗方法是先栽实生苗，然后在实生苗上高位嫁接所需求的品种接穗。培育实生苗快速而容易，而且易嫁接。实生苗繁殖成本低，果农又可根据各自需要进行嫁接，因此，这种育苗方法越来越普遍。实生砧木的生长势非常旺盛，这个优点在立地条件较差的情况下更加突出。我国猕猴桃产业虽发展较快，但现有砧木多为中华猕猴桃和美味猕猴桃混合种子的实生，尚未实现良种良砧的固定组合，对耐涝、抗旱和抗病虫等砧木品种的选育更是空白。

‘布鲁诺’实生苗在新西兰被最广泛用来作砧木，其原因是该品种的种子萌发率高而一致，长势旺盛。但猕猴桃根系不抗根结线虫，极不耐涝，至少易感 4 种疫病菌；其枝干在低温的冬季易产生冻害。针对这些问题，需研发抗病或抗冻砧木。未来的研究，需进一步鉴定其他猕猴桃种是否可成为抗性砧木育种的遗传材料来源，如软枣猕猴桃和狗枣猕猴桃具有抗寒性。中华猕猴桃在疫病菌的感病性方面存在差异，但至今没找到一个在抗性上能达到有价值的材料。用其他猕猴桃种作砧木还存在嫁接不亲和的问题，如软枣猕猴桃作砧木嫁接美味猕猴桃是不亲和的。

二、种子育苗

种子数量与猕猴桃果实大小在一定范围内呈正相关。因品种和授粉水平而不同，如一个达到出口标准的美味猕猴桃（80~120 g）果实的种子数可达900~1 400粒。猕猴桃种子细小，其千粒重只有0.8~1.6 g，且其外种皮薄而易受害。种胚约于花后110 d达到其成熟时大小。

播种繁殖应选用种子发芽好、实生苗长势旺的品种，如‘布鲁诺’‘艾伯特’是最常用的，一些生长势强的中华猕猴桃品种的种子也适于播种繁殖。用于播种的种子取出后一般先贮藏，但其发芽率随贮藏期延长而下降。要获得较好的种子发芽率，首先，要求种子适度干燥，其含水量为4%~6%；其次，要求低湿冷藏，贮藏温度小于10 ℃，且湿度小于30%~50%或置于密闭容器内。种子发芽率受果实成熟度、种子贮藏状况、品种等因素的影响。杂交种子有时较难萌芽。

用于留取种子的果实最好选用经冷藏（0~5 ℃）几周或几月的完全软熟的大果。可用搅拌机对软熟果进行短时间的低速搅拌，被粉碎的果肉再用水冲洗，则容易与种子分开。将获取的种子进行适度干燥处理，并完全分离与果肉黏附在一起的种子。留取种子最好在播种前不久进行。若种子取自未经冷藏的果实，则播种前必须进行层积处理。播种前应除去小的和不成熟的种子。种子萌芽的好与差，取决于品种间的差异、种子的来源、种子的贮藏处理和萌芽的条件。

三、育苗基质

为了避免萌芽率低、植株生长差和易感病害等问题，有必要选择合适的播种基质和实生苗生长基质。选用标准化的适宜基质可提高生产均匀一致植株的能力。

育苗基质必须具有良好的透气性和排水性，可提供充分和均匀的水分，并不带病原微生物。迄今，根据以下一种或多种来源开发了一些无土基质：泥炭，树皮，沙，锯末，浮石，珍珠岩，蛭石。其中，50%泥炭和50%沙（*V/V*）的混合基质通常比较理想。基质用于盆栽，可以减轻其重量而使运输方便；用于培育出口苗木，可任意从根部洗去以满足出口苗木需“净根”的要求。基质配备供肥供水系统和环境调控设施，就能培育出根系发达、生长旺盛、均匀健康的猕猴桃苗木。当然无土基质还需完善，以进一步降低成本、减轻重量和促进植物生长。带土基质也可用于育苗，但在植株繁殖的早期阶段通常显得较差，从各个方面都劣于精心挑选的基质。

猕猴桃实生幼苗易感立枯病，主要由丝核菌、镰刀菌和腐霉菌等真菌引起。采取基质消毒及消除有利于发病条件等措施来控制该病害，特别是土壤，种植前务必进行适当的处理。土壤可用蒸汽消毒，也可用甲基溴处理，尽管已证实，基质中所包含的霜霉威、五氯硝基苯或苯菌灵对预防立枯病是有效的，但苯菌灵或克菌丹也可用于种子处理及出苗后灌注或喷雾。而铜制剂等杀菌剂对猕猴桃实生苗具有植物毒性，故在其出苗后不宜使用。

四、种子层积处理

猕猴桃种子播前若不经层积处理，其萌芽率非常低。层积处理结果显示，在 4.4 ℃条件下，层积 6~8 周可改善种子萌发，层积 2 周以上并结合在萌发过程中的昼夜温度变化，则萌芽较好较快。在 4 ℃且湿润的条件下，层积 5 周以上，而后每天进行 21 ℃ 16 h 和 10 ℃ 8 h 的变温处理，则萌芽更好。种子播前层积处理或用 2.5~5.0 g/L 赤霉素（GA_3）溶液浸泡 24 h，都能获得很高的发芽率。已证实赤霉素具有促进种子发芽和消除种子对低温层积期的需求。

猕猴桃种子的处理方法虽多，但只有沙藏层积处理效果较好，且简单易行。具体做法为：将种子置于 60 ℃的温水中浸泡 2 h 左右，取出后将其与含水量约为 20%的湿润细河沙（以手捏成团，松手则散为度）均匀混合。用纱布包裹混合均匀的种子，而后埋入装有湿沙的花盆或木桶等容器中。要求容器透气，其底部设有排水口，容器中作为底部铺垫层和顶部覆盖层的湿沙厚度均为 3~5 cm。最后将其置于阴凉通风处保存，以后每隔半月左右检查一次湿度。为保持湿度的一致性，沙藏期间需上下翻动数次。通常沙藏 40~60 d 即可。

五、苗木生产

猕猴桃可在晚冬和盛夏期间进行播种。早播的能长成强壮的植株，并可用于来春的嫁接；而迟播的至少要多一个生长季节才能用于嫁接或种植于果园。

为便于移栽和最大限度地减少猝倒（立枯病），播前要对播种基质进行消毒，播种深度约3 mm。若白天温度在21 ℃左右，则播种后2~3周就能发芽。大田一般不适合播种和育苗，因为其存在着以下风险：不利的生长条件、真菌、冠瘿细菌或根结线虫的危害。因此，最好建立专用设施进行猕猴桃育苗。当苗床中的幼苗长出2~4片真叶时需间苗，将其移栽到托盘或直径为60~80 mm的营养钵中，以后随着苗的长大，不断移栽到更大的营养钵中。苗在生长过程中将逐渐变得耐寒，之后移栽到苗圃地或者大田。这种用于培育苗木的苗圃地或大田应装备遮阳和灌溉等设施，并要求土壤有利于壮苗生长和无病虫害。

猕猴桃容器（营养钵）育苗一般不能长于一个生长季节，否则，因根系生长受限制生长势会发生问题。故而实生苗在嫁接前通常需要在苗圃地或者果园进入它的第二个生长季节，而且要求继续保持其只有一根直立而粗壮的茎干。对于大田种植的猕猴桃，通过整形和支撑促使其一茎干始终直立向上，从而获得更为理想的树形。在移栽和调苗时，应进行苗木分级，去除等外苗和劣质苗。建立猕猴桃园，其苗木一般于冬季种植。并要求苗木健康，具有粗壮（直径＞10 mm）、直立的茎干，发达的侧根系统；对于嫁接苗，必须品种纯正、品种名明确。

通过地膜覆盖、人工除草等方法可有效地控制杂草。对于不到一年生的幼树，特别是种植在轻沙壤土上，一些残留的除草剂会引起伤害。为安全起见，猕猴桃园不要建立在有除草剂残留的土壤上，也必需避免除草剂雾滴飘移到猕猴桃幼树上。

第二节　扦插

一、嫩枝扦插

由于能快速生产优质苗，因此嫩枝扦插已成为常用的繁殖方法。插穗常于初夏采集，此时的枝梢正处于半成熟生长阶段。初夏后至9月采集的插穗生根较难。插穗可取自盆栽砧木、砧木母树和果园修剪下来的枝条。

理想的插穗粗 0.5~1.0 cm、长 10~15 cm，具有相对短的节间。未成熟的“水枝”不可取。有利于旺盛幼嫩组织形成的条件将促进插穗发根。插穗的发根情况与其在枝梢上所处的位置有关。发根最好的为第 9~12 节。雌、雄植株之间的发根情况基本相似。

取下的插穗应保持“膨胀”，因为此时叶片和春梢正处于生长时期，插穗离体后在很短的时间内会迅速失水并使叶片受损害。功能叶片水分的缺失将使发根率大幅度降低。

在任何情况下，所繁殖的品种务必纯正，不然在苗期难以区分。在节位上或在节间上的扦插条，按等分剪成长度约为 10 cm（或 20 cm 以上）的插穗，并在其基部削成一个 1 cm 长的斜面。在插穗上保留 20%~50%的叶片。选留时，可在叶片中间横向剪去半张叶片，也可按叶片的自然形状剪成圆弧状。

最好将插穗进行杀真菌剂或杀虫剂的浸泡处理，以有效防控在高温高湿繁殖条件下易发生的红蜘蛛或有关病害。插穗经吲哚丁酸处理可提高扦插生根率和成活率。

当选择旺盛幼嫩的枝梢作插穗时，它的发根良好、萌芽一致，因此其扦插繁殖是最为成功的。故而 5—7 月初通常被视作果园采集插穗的最佳时期。过了此阶段，虽然成熟枝条会充分发根，但萌芽率不高且缺少作为一年生植株生长所需的合理阶段。于 7—8 月，从实施重修剪的盆栽砧木上选择插穗，并确信它是比较不成熟的，结果它能产生高百分比的萌芽率，在入冬前伸长约 15 cm。可见，为了生产插穗材料，要保持砧木床上的小型茂密枝蔓，并有规律地采集，这是一个正确的做法。

二、繁殖设施

育苗设施多种多样，从小型拱棚到大型温室都可供选择。最好在苗床上扦插，或者在直径为 50~70 mm（100~200 cm^3）的营养钵上扦插。盆（钵）栽基质最好选用 50%泥炭和 50%浮石（*V/V*）的混合基质，其内不加矿质营养。通过弥雾喷施系统对插穗进行间歇式喷雾，弥雾喷施系统受控于电子叶或时钟，由此将间歇时间控制在合适的范围内。如在繁殖的第一个 10 d 里，每隔 20 min 喷雾 10 s，然后在以后的 3~4 周内慢慢地减少。猕猴桃插穗对根伤害十分敏感，特别是对由高浓度肥料引发的损害。因此，只有当插穗的根系长成后，才能将其植于具有营养平衡的基质里。若插穗在含有养分的基质里发根，则在6周的发根期内，在基质里的营养会缓慢地积累成高浓度状态，这对早期的发根将造成不良的影响。繁殖第6周停止喷雾，此时根系已发育，应该准备好可被移入遮阳大棚内。接下来的2周，根系将进一步发育。在这个时期，活性芽将膨胀，在某些情况下可伸长到约10 cm。为此，扦插8周后有必要换成更大的营养钵，如直径为12 cm（1 100 cm^3），在当年的生长季里，植株将增长至少15～30 cm，因此直径为12 cm营养钵较适宜。

嫩枝扦插的关键是时间的选择和插穗的类型，特别是喷雾时对水分的控制要恰到好处。选用一种可自由排水的基质也十分重要，以保证其在插穗发根和以后的生长期间足够的透气。

三、硬枝扦插

对于猕猴桃繁殖，硬枝扦插不如其他繁殖方法可靠和容易成功。用该繁殖技术，发根率通常只有60%，故在商品化育苗中，由硬枝扦插繁育的苗木所占的比例较小。

插穗选用在上一年夏季生长（夏梢）的充分成熟的休眠枝，取下后冷藏或立即使用。插穗至少有2节的长度，在其基部斜削成一个小斜面，并用IBA（5 g/L溶解于50%乙醇）对其进行浸渍处理。然后将插穗深插入于湿润的发根基质中。发根基质可铺设在专用的繁殖台上，也可置于田地上，并用地膜覆盖。在春季开始抽梢时，为了防止干燥需要遮阳和灌水，因为此时只有少量的根发育。粗质的生根基质比细质的发根效果更好。

有关硬枝扦插的研究较多。于冬季扦插，并用高浓度的IBA处理插穗，其效果较好。有日本学者，于初冬收集插穗，并用IBA处理（80 mg/L；20 h），而后在插穗基部加热（21 ℃）3周，加热后置于塑料袋在5 ℃下贮藏，到了春季，再将插穗置于繁殖床上进行发根。这样显著提高了插穗的发根率。在新西兰也获得了相似的结果，在温暖条件下用IBA处理冬季插条，以诱导愈伤组织的形成，然后将插穗置于低温下一直至春季，在春季温暖条件下，有利于插穗的新梢生长和根系发育。于冬末收集的成熟的节间插穗，用1.25 g/L或2.5 g/L IBA处理可获得较高的发根率，且优于节点插穗。

四、根插

通过根插能诱导猕猴桃的根抽生枝梢，从而产生新的植株。由于枝扦插、嫁接等育苗技术较其更有效和更成功，故这种繁殖技术显得不太必要。根插的主要限制因子，是需要确保供给要繁育品种的健康根源。根可于冬季从那些二年生苗将被掘起出售的苗圃地获得，根插条要求直径为 5~30 mm，剪成 50~70 mm 的长度，而后置于苗圃地或繁殖地，其土壤需要消毒，不然则选用另外的合适基质。为产生好的枝梢，插条应垂直或水平地置于生根基质内，现已发现水平方向的插条将产生最大量的枝条。垂直扦插的插条注意不能上下颠倒。在温暖条件下（25 ℃）经过 3 周左右，从根的近端切面将抽生一些绿枝。插条经过苄氨基嘌呤浸泡的能增加其抽梢的数量和能提高抽梢比率。由插条抽生枝梢的再生能力取决于碳水化合物和植物生长调节剂之间的平衡。

扦插约 8 周后，枝梢已伸长，此时可与根插条分离，在温水雾台上能诱导其发根。当根插条还能产生新枝叶时应保留。长成的幼株经施肥后逐渐变得耐寒，然后移入温室大棚。

第三节　组织培养

猕猴桃组织培养在近年取得了巨大进展，尤其在挽救杂种胚方面取得了较大的成功。在育种和生理基础研究等方面，组织培养用途广泛。组织培养作为植物快速繁殖方法通常是有价值的，但一般对于果树作物，由于成本、设备、专门技能或者需要使用特定的砧木等方面原因，故用于此目的尚有局限。

猕猴桃组织培养在一些国家已被广泛采用，但在中国、新西兰等尚未发展成为商品化生产。有人发现，通过离体繁殖培养的猕猴桃植株会发生表型变异，尽管组培也是无性繁殖。对于快速增殖一个单一的植物类型，如一种新变异，组织培养是有用的，而传统方法为猕猴桃常规繁殖提供了更可靠的途径。

猕猴桃的茎尖快繁主要步骤为将从田间取的枝芽表面消毒后，接种至初代培养基上，分离出 2~5 个叶原基的分生组织的顶点，这些微繁殖体在 6 周内即产生簇生叶。生长 3 周后，将无菌的芽转入增殖培养基进行 5 周的芽增殖诱导，一个芽继代培养增殖率达到 3. 4%~5. 8%，器官发生能力在通过 29 次继代培养后仍保存。将芽苗在生根培养中培养 3 周后，形成较好的根。

第四节　嫁接育苗

嫁接育苗是猕猴桃最常用的繁殖方法。

一、嫁接时期

分成春、夏、秋三个阶段，最佳时期视实际情况而定，生产上多数选择春季嫁接。春季嫁接一般在2—3月进行，夏季嫁接以6月为好，而秋季嫁接通常在9月。

二、嫁接方法

高位嫁接：猕猴桃高位嫁接常在春季完成，其类似的原则均适合于幼年树和成年树的高接。最好不要在同一季节移栽和嫁接苗木，不过在理想的生长条件下也可进行。粗壮、生长良好的实生苗可用于嫁接，这种实生苗的离地高度在播种后12个月已达15 cm左右。而迟播种的和生长慢的植株，在苗龄达20~24个月才适合于嫁接。植株从播种到嫁接直至达到1.8 m高的棚面，通常需要24~27个月。最好于2月中旬至3月上旬嫁接，应在芽萌动前或者从枝梢切面有很多树液渗出之前进行。

于冬季收集接穗，然后在湿润下冷藏。如需要的话，这种接穗还可在4月再用于嫁接。理想的砧木直径为10 mm或以上，接穗有相同粗度的直径，并要求其发育成熟且带有发达的休眠芽。不过也有人研究发现，用直径分别为7和14 mm的接穗嫁接后具有相同的枝梢生长能力。在温室，播种6个月后长成的实生苗，可用于夏季嫩枝嫁接。

猕猴桃的嫁接方法主要有切接、劈接、腹接、芽接等，其嫁接成活率均可高于95%。当需要大量嫁接时，选择切接或劈接的效果更令人满意。接穗最好带有2个芽，以防其中一个芽被失去。嫁接中，砧木与接穗匹配的切面，两者形成层对齐，紧密捆绑等几个环节较重要。为防干燥（尤其是夏接)，接穗的顶端应密封。嫁接成活后，应去掉绑带或绑条。嫁接部位以下的抽生的芽在早期都要抹除。老龄猕猴桃树可在棚架面下再嫁接，并能迅速使其恢复生产。因此抽生的单一枝梢应作适当支撑，确保其不被折断，并成为笔直向上的树形，待冬季置于架面上。

采用高位嫁接通常一根由砧木抽生的强梢伸长到离地1.6 m时，即达到可嫁接的程度。用一根带有2个芽的接穗嫁接，则在同一季节能发育成沿棚面的2根主蔓。其嫁接方法主要操作如下。

单芽枝腹接：由接穗切带一个芽的枝段，在芽的正下方削50°左右的短斜面。在芽的背面或侧面选一平直面削 3~4 cm 长，深度为刚露木质部的削面。砧木选平滑的一面从上而下切削，仍以刚露木质部为宜，削面长度略长于接穗削面，将削离的外皮切除长度的 2/3，保留 1/3。然后将接穗插入，使二者形成层紧密吻合。用塑料薄膜条包扎，露出芽即可。

单芽片腹接：在接穗的接芽下 1 cm 处下刀呈 45°斜削至接穗周径的 2/3 处，在芽上方 1 cm 处下刀沿形成层往下纵切，略带木质部，直到与第一刀口底相交，取下芽片，全长 2~3 cm。砧木选平滑的一面按削接穗芽片的同样方法切削，使切面稍大于接芽片。将芽片嵌入砧木切口，对准形成层，上端最好露出一点破皮层，促进形成愈伤组织。嵌好芽片后用塑料薄膜条包扎，露出芽即可。

切接：该法最大优点是嫁接后愈合好，萌芽快，成活率高，嫁接苗生长健壮，整齐。但要求砧穗粗度较一致。在接穗上选 1~2 个饱满芽，在芽下 3.5~4 cm 处下刀，呈 45°斜切断接穗，再芽对面下方 1 cm 左右处下刀，顺形成层往下纵切，稍带木质部，直至第一刀切断处，最后在芽上方 3 cm 处剪断，即为嫁接枝段。在需要嫁接处剪断砧木，剪口要平、光，选平直光滑面，从剪口顺形成层往下削，稍带木质部，其削面长 3~4 cm，与接穗削面基本相符，再削去切离部分的 1/3。将接穗长削面与砧木切口对齐，砧木的外皮包住接穗，用塑料薄膜条绑紧，露出芽即可。

第五节　猕猴桃苗木质量标准和质量指标

一、猕猴桃苗木质量标准

具体规定如表 3-1 所示。

表 3-1　猕猴桃苗木质量标准

项目	级别		
	一级	二级	三级
品种砧木	纯正	纯正	纯正
侧根数量	4 条以上	4 条以上	4 条以上
侧根基部粗度	0.5 cm 以上	0.4 cm 以上	0.3 cm 以上
侧根长度	全根，且当年生根系长度最低不能低于 20 cm，二年生根系长度不能低于 30 cm		

（续表）

项目			级别		
			一级	二级	三级
侧根分布			均匀分布，舒展，不弯曲盘绕		
苗木高度	除去半木质化以上嫩梢	当年生种子繁殖实生苗	40 cm 以上	30 cm 以上	30 cm 以上
		当年生扦插苗	40 cm 以上	30 cm 以上	30 cm 以上
		二年生种子繁殖实生苗	200 cm 以上	180 cm 以上	160 cm 以上
		二年生扦插苗	200 cm 以上	180 cm 以上	160 cm 以上
		当年生嫁接苗	40 cm 以上	30 cm 以上	30 cm 以上
		二年生嫁接苗	200 cm 以上	180 cm 以上	160 cm 以上
	嫁接口上 5 cm 处茎干粗度	低位嫁接当年生嫁接苗	0.8 cm 以上	0.7 cm 以上	0.6 cm 以上
		低位嫁接二年生嫁接苗	1.6 cm 以上	1.4 cm 以上	1.2 cm 以上
		高位嫁接当年生嫁接苗	0.8 cm 以上	0.7 cm 以上	0.6 cm 以上
		高位嫁接二年生嫁接苗	1.6 cm 以上	1.4 cm 以上	1.2 cm 以上
饱满芽数			5 个以上	4 个以上	3 个以上
根皮与茎皮			无干缩皱皮	无新损伤处	陈旧损伤面积 <1 cm^{2}
嫁接口愈合情况及木质化程度			均良好		

二、猕猴桃苗木的主要质量指标

（1）饱满芽数。指嫁接口以上的饱满芽数。

（2）根皮与茎皮损伤限度。指自然、人为、机械或病虫引起的损伤。无愈伤组织为新损伤处，有环状愈伤组织的为陈旧损伤处。这些均应达到所属等级的限量标准。

（3）侧根基部粗度。指侧根距茎基部 2 cm 处的直径，应达到所属等级的限量标准。

（4）全根。指根系在起苗后保持完好无损，没有缺根、劈裂和断根。

（5）苗干粗度。低接苗是指苗干离地面 5 cm 处直径，高接苗是指离地面 160 cm 处直径，均应达到所属等级的粗度标准。

（6）苗干高度。指地面到嫁接品种茎先端芽基部的长度，应达到所属等级的高度标准。

（7）扦插苗苗干粗度。当年生扦插苗苗干粗度指扦插苗干上距原插穗

5 cm 处苗干的直径；二年生扦插苗干粗度指扦插苗干上距原插穗 160 cm 处苗干的直径，均应达到所属等级的粗度标准。

（8）苗木年龄。实生砧木苗要求砧木生长 1 年；嫁接苗要求砧木生长 1 年，嫁接后生长 1 年；扦插苗要求扦插后生长 2 年；3 年生以上的苗木定为不合格苗。

销售的猕猴桃苗木存在其品种名不正确的现象。要纠正已种植的“张冠李戴”的猕猴桃品种，则需要重新种植或高接换种，这将在生产上造成几年的损失。品种名被搞错，是因为要从植株的视觉特性上区别猕猴桃品种既不容易也不可靠，尤其是在幼年生长期。这个时期，虽能观察到诸如生长势、节间长度和毛的类型等特征因品种不同而有变化，但以此区分品种的结果往往是不准确的。迄今，在通过外观特征区别品种上做了少量尝试，但主要集中于对其花果特征的描述，针对这一问题，需要开发精确的品种鉴别方法。

第四章　猕猴桃基地建设

第一节　标准化猕猴桃基地的选址

建园地址关系到猕猴桃今后是否能健康生长、结果，也涉及建园的投入和建园后园区的管理成本。园地选址是猕猴桃果园建设至关重要的一步，可根据栽培品种的生态要求选择，也可根据现有园地的生态条件确定适宜栽植的品种。园地选址主要从地理位置、交通、气候、土壤等多方面综合考虑。

一、地理位置

（一）位置

应远离污染源、工矿区和公路、铁路干线，选择生态环境良好、无污染、交通便利的地块，保证产地环境的质量安全。选择便于使用农业机械操作，土壤肥沃，地势较高、灌溉便利，排水方便、地下水位大于0.8 m的地块，如没有良好排水设施，不宜选择在地势低洼的地区。

（二）地形

平地、丘陵山地均可种植猕猴桃，不同地形有不同的特点。平地区域的气候和土壤因子基本一致，垂直分布变化小，丘陵山地的地貌起伏变化多，坡向、坡度的差异较大，小气候情况复杂。

对于平地区域，土层较深厚、水土流失较少、土壤有机质含量较高、果树根系入土深，利于果树生长和结果，但在通风、光照、排水、昼夜温差等方面与山地果园不同，如通风不够畅、光照太强、排水困难、昼夜温差小等，所产果实的色泽、风味、干物质及糖含量、贮藏性等方面不如山地和高原地带果园的产品。

对于丘陵山地，需考虑海拔，坡度，坡向对光、热、水、风等条件的影响，如气温随海拔升高而递减，无霜期和果实生育期随海拔升高而缩短。猕猴桃喜光耐阴，对强光直射敏感，为满足猕猴桃对阳光的需求，坡向宜选择南坡或东南等向阳的方向，不宜选择北坡及西北坡，并避开山顶或风口，以免果园遭遇风害。

选择丘陵山地，坡度控制在15°以内，不能超过25°，有利于保持水土。在地形复杂，超过15°的山地建园的情况下，需要实施坡改梯的水土保持工程。并有可靠的、持续灌溉的水源，以及配套的灌溉设施。

二、气候条件

（一）温度

温度是猕猴桃重要的生长条件，特别是造成冻害的冬季极端低温和夏季极端高温。中华猕猴桃适宜在年平均气温14~20 ℃下生长，冬季休眠期可耐-12 ℃低温。美味猕猴桃适宜在年平均气温11~18 ℃下生长，极端最低气温为-15.8 ℃低温。春季遇晚霜或“倒春寒”，低于2 ℃低温持续0.5 h，幼芽、嫩梢易冻坏。花期遇低温不利授精和坐果。夏季极端高温也会对猕猴桃树体造成影响，一方面导致过多的营养生长抑制生殖生长；另一方面会消耗果实发育前期积累的干物质、可溶性固形物减少；严重情况下发生热害，导致叶片萎缩甚至干枯、果实停止生长。红心猕猴桃夏季温度超过30 ℃时，其枝叶果的生长量显著下降，红色逐渐褪去。

（二）光照

猕猴桃喜光耐阴，对强光直射敏感，喜欢散射光。幼苗期喜阴凉，怕强光，成年树需要良好的光照才能健壮生长。为满足猕猴桃对阳光的需求，坡向宜选择南坡或东南等向阳的方向，不宜选择北坡及西北坡。

（三）降水与湿度

中华猕猴桃主要生长在年降水量条件为1 000~2 000 mm，湿度为75%~85%的地区，美味猕猴桃主要生长在年降水量为600~1 600 mm、湿度为60%~85%的地区。猕猴桃在长期的进化发育过程中形成了喜欢湿润的特性，但是由于肉质根的根系浅，抗旱性较一般果树差，不耐水涝和高湿，容易发生根腐病的情况。在雨季，如果果园排水不畅，会造成根系腐烂而死亡。

（四）风

猕猴桃对风非常敏感。微风可以辅助授粉，调节园内的温度、湿度，改变叶片方向调节受光方向及机会，但强风会对嫩梢、叶片和幼果等造成损害，传播病虫害等，因此宜在背风向阳的地方建园，必要时营造防护林或搭建防风网。

三、土壤条件

猕猴桃是多年生的果树，在土层厚度大的土壤中生长，根系分布深，吸收养分与水分多，有利于优质丰产，因此有条件时，选择土层深厚、疏松肥沃、腐殖质含量高的土壤。根据土壤质地，以沙壤土为好，其次为粗沙质土，再次是砾质土，不宜在黏性重的黏质土中种植。根据土壤的酸碱度，pH 值为 5.5~6.5 微酸性的土壤适于猕猴桃根系生长。土壤持水量适宜在 60%~80%。

当土壤含水量低时，根系停止吸收，光合作用开始受到抑制。当土壤干旱时，土壤溶液浓度高，根系不能正常吸收反而出现外渗现象。当土壤水分过多时，会导致土壤缺氧，缺氧会抑制根的吸收。土壤水分的高低需要通过改良、覆盖和增厚土层、及时排灌来进行调节。

四、其他因素

猕猴桃果园土壤污染按照《土壤环境质量标准》（GB 15618）的规定管控土壤污染风险，申报绿色食品生产基地还应符合《绿色食品　产地环境质量》（NY/T 391）的要求，需要符合表 4-1 中的限量要求。

表 4-1　产地环境质量要求部分　　单位：mg/kg

污染物	pH 值≤5.5		5.5<pH 值≤6.5		6.5<pH 值≤7.5		pH 值>7.5	
	GB 15618	NY/T 391	GB 15618	NY/T 391	GB 15618	NY/T 391	GB 15618	NY/T 391
总镉	0.3	0.30	0.30	0.30	0.30	0.30	0.6	0.40
总汞	1.3	0.25	1.80	0.25	2.4	0.30	3.4	0.35
总砷	40.0	25	40	25	30	20	25	20
总铅	70.0	50	90	50	120	50	170	50
总铬	150.0	120	150	120	200	120	200	120

（续表）

污染物	pH 值≤5. 5		5. 5＜pH 值≤6. 5		6. 5＜pH 值≤7. 5		pH 值＞7. 5	
	GB 15618	NY/T 391	GB 15618	NY/T 391	GB 15618	NY/T 391	GB 15618	NY/T 391
总铜	50. 0	50	50	50	100	60	100	60
镍	60. 0	—	70. 0	—	100. 0	—	190. 0	—
锌	200. 0	—	200. 0	—	250. 0	—	300. 0	—

空气质量应符合《环境空气质量标准》（GB 3095）中对二类环境空气功能区的要求。

第二节　猕猴桃品种选择

目前，猕猴桃已选育出很多优良品种或品系，其中主要是中华猕猴桃和美味猕猴桃，还有少量软枣猕猴桃和毛花猕猴桃。根据环境条件，选择适宜的品种是栽培能否成功的重要基础。

一、雌性品种

果园以商品生产为前提，以优质、安全、美味的果品生产来满足市场需要，并取得经济效益为根本目标。因此，选择合适的品种是果园实现丰产优质的前提，也是可持续发展的关键。选择的猕猴桃品种应具备以下条件。

（一）经济性状好

种植品种在具备长势强健、抗逆性强、丰产优质等基本特征的同时，还必须具有独特的经济性状，如成熟期适宜、风味和质地独特、耐贮性好、果形美观、果色诱人、适于鲜食或加工等，这是生产名、优、特、新果品的种质基础。

（二）环境适应性强

每个猕猴桃品种的适应性都有一定的范围，因此，品种选择时，必须遵循“适地适栽”原则，选择适宜种植区生态条件，如气候、土壤等，实现优良品种的优势区域布局。如红阳猕猴桃品种，市场较欢迎，但没有相应的设施和技术，溃疡病等很难控制，大面积种植很难成功。

（三）市场需求对路

果园的经济效益最终是通过果品在市场上的销售而实现的，根据市场需求选择种植品种是商品果园的出发点。果实外观是吸引消费者的重要标志，果面光洁无毛的中华猕猴桃品种比果面有硬毛的美味猕猴桃品种更受消费者喜爱；果实风味是留住消费者的重要内在品质，如风味浓甜的‘红阳’‘东红’‘金红1号’‘翠香’‘徐香’‘金艳’等品种在市场上深受消费者欢迎；果实的货架期长短也是决定其在水果销售市场是否受欢迎的重要特性；品种在国内市场的占有量也很重要，如徐香品种，虽然品质好，但全国种植面积过大，销售价格很难提高。

因此，要根据经营方式来选择品种。规模大的果园，立足供应全国销售，应选择2~3个耐运输、果实后熟期长、货架期长的优质主栽品种。规模偏小或以观光采摘为主的果园，可选择采摘期从早到晚，果实后熟期略短、货架期中长的品种，且品种宜多样化。生产加工原料的果园，则需要选择适宜加工的品种，以加工厂的需求决定品种搭配。

二、雄性品种

猕猴桃为雌雄异株，在生产上必须配置雄性品种。因此需要从花期、花粉量及花粉活力等考虑雄性品种的配置。首先，要求与雌性品种花期一致，最好是早于雌性品种2~3 d开花，晚于雌性品种2~3 d谢花，即授粉品种的花期长，涵盖了雌性品种的花期，如果1个授粉品种做不到，可考虑配置花期相近的2个授粉品种。其次，要求花量大、出粉率高、花粉发芽率高，且与雌性品种授粉亲和力强，能产生高品质的果实。

三、雌雄品种配置

猕猴桃的传粉媒介是微风和昆虫，因此在雄株配置时需考虑风向及昆虫的活动习性，一般主要有梅花式和行列式两种配置方式。

（一）梅花式

按雌雄比例（5~8）：1，猕猴桃树采用方形种植，以一株雄株为中心，周边配置5~8株雌株，有利于授粉（图4-1）。

（二）行列式

大中型果园，配置雄树可采取行列式，沿小区长边开始，按树行的方向整行栽植雄株。可1行雄株配1~2行雌株，雌雄比例（1~4）：1，并将雄株整成窄条带状，既有利于机械传粉、蜜蜂传粉，又有利于保障合理的结果面积（图4-2）。

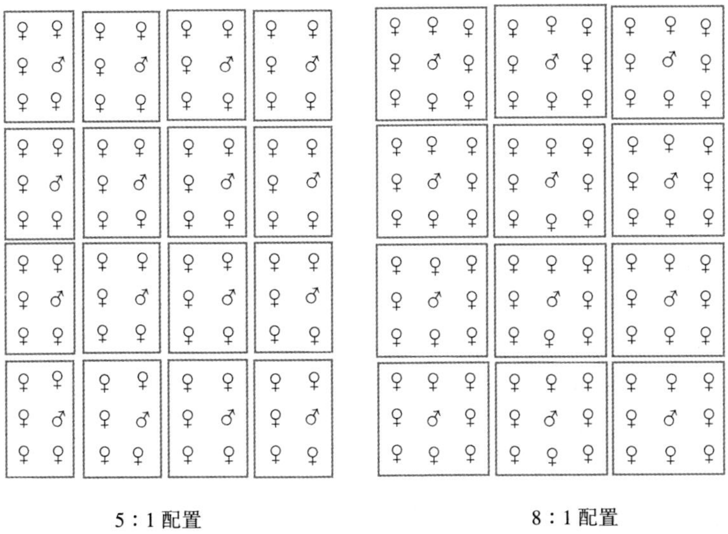

♀ ♀　♀ ♀　♀ ♀　♀ ♀
♀ ♂　♀ ♂　♀ ♂　♀ ♂
♀ ♀　♀ ♀　♀ ♀　♀ ♀

♀ ♀　♀ ♀　♀ ♀　♀ ♀
♀ ♂　♀ ♂　♀ ♂　♀ ♂
♀ ♀　♀ ♀　♀ ♀　♀ ♀

♀ ♀　♀ ♀　♀ ♀　♀ ♀
♀ ♂　♀ ♂　♀ ♂　♀ ♂
♀ ♀　♀ ♀　♀ ♀　♀ ♀

♀ ♀　♀ ♀　♀ ♀　♀ ♀
♀ ♂　♀ ♂　♀ ♂　♀ ♂
♀ ♀　♀ ♀　♀ ♀　♀ ♀

5：1 配置

♀ ♀ ♀　♀ ♀ ♀　♀ ♀ ♀
♀ ♂ ♀　♀ ♂ ♀　♀ ♂ ♀
♀ ♀ ♀　♀ ♀ ♀　♀ ♀ ♀

♀ ♀ ♀　♀ ♀ ♀　♀ ♀ ♀
♀ ♂ ♀　♀ ♂ ♀　♀ ♂ ♀
♀ ♀ ♀　♀ ♀ ♀　♀ ♀ ♀

♀ ♀ ♀　♀ ♀ ♀　♀ ♀ ♀
♀ ♂ ♀　♀ ♂ ♀　♀ ♂ ♀
♀ ♀ ♀　♀ ♀ ♀　♀ ♀ ♀

♀ ♀ ♀　♀ ♀ ♀　♀ ♀ ♀
♀ ♂ ♀　♀ ♂ ♀　♀ ♂ ♀
♀ ♀ ♀　♀ ♀ ♀　♀ ♀ ♀

8：1 配置

（注：♀为雌树，♂为雄树）

图 4-1　梅花式雌雄树配置方式

♀　♂　♀ ♀　♂　♀ ♀　♂　♀ ♀　♂
♀　♂　♀ ♀　♂　♀ ♀　♂　♀ ♀　♂
♀　♂　♀ ♀　♂　♀ ♀　♂　♀ ♀　♂
♀　♂　♀ ♀　♂　♀ ♀　♂　♀ ♀　♂
♀　♂　♀ ♀　♂　♀ ♀　♂　♀ ♀　♂
♀　♂　♀ ♀　♂　♀ ♀　♂　♀ ♀　♂
♀　♂　♀ ♀　♂　♀ ♀　♂　♀ ♀　♂
♀　♂　♀ ♀　♂　♀ ♀　♂　♀ ♀　♂
♀　♂　♀ ♀　♂　♀ ♀　♂　♀ ♀　♂
♀　♂　♀ ♀　♂　♀ ♀　♂　♀ ♀　♂
♀　♂　♀ ♀　♂　♀ ♀　♂　♀ ♀　♂
♀　♂　♀ ♀　♂　♀ ♀　♂　♀ ♀　♂

（注：♀为雌树，♂为雄树）

图 4-2　2：1 雄树带状种植方式

第三节　规模与布局规划

一、果园规模规划设计

猕猴桃果园要根据经营能力、经营目的、经营方式等，确定相应的规模，也要考虑果园当前和长远发展的需要。如作为大型商品果生产基地的，则规模应大，种植面积100亩（1亩≈667m^2，全书同）以上；如家庭农场经营为主的，则规模不宜过大，种植面积30亩左右为宜；如作为加工原料的，则要求符合加工生产对原料的特定需求；如作为庭院式或观光果园的，应以美化、舒适、休闲、花果观赏等为前提。果园总规模中要综合考虑用地比例，小型果园主要是选择品种和架式，大型果园要考虑各项服务于生产的用地，果树种植面积为80%~85%，防护林为2%~3%，道路沟渠约为8%，办公生产生活用房屋、苗圃、蓄水池、积肥池等共为4%~7%。

二、果园小区规划设计

果园的小区是基本生产单位，直接影响果园的经营效益和生产成本，是规划的重要内容，要根据基地规模、地形、土壤、气候等立地条件不同来划分作业区。小区面积应因地制宜、大小适当，面积过大管理不便，面积过小不利于机械化作业，还会增加非生产用地的比例。平地或气候、土壤条件较为一致的区域，每个小区面积可设计30~50亩，山地与丘陵地形复杂，气候、土壤条件受地形影响差异较大的区域，小区面积可设计到10~30亩。

小区的形状多采用长方形，农机具沿长边行驶，可减少转弯次数，提高工作效率。平地果园小区的长边应与当地主要风向垂直，使果园的行向与小区的长边垂直。山地与丘陵地的果园小区可呈带状长方形，小区的长边与等高线走向一致，以保持水土。防护林应沿小区长边配置，以加强防风效果。

每个小区可设置若干作业区，作业区一般长不超过150 m，宽40~50 m。按照深沟高畦规划，畦大致按南北走向。其中地形条件只适合一列一畦的，畦面宽3~3.5 m；地形条件适合二列一畦的，畦面宽可设置为6~7 m。

三、道路系统规划设计

根据果园规模和环境条件设置果园道路系统。

大、中型果园的道路系统由主路（干路）、支路和操作道组成。主路通常设置在栽植大区之内，要求位置适中，贯穿全园，路面宽度以能并行两辆卡车为限，一般为6~8 m。山地果园的主路可以环山而上或呈“之”字形，纵向路面坡度不宜过大，以卡车能安全上下行驶为度。支路是从主路到各个小区之间的运输道路，宽度一般为3~4 m。小区内或环绕果园可根据需要设置操作道，宽度为2~3 m，以人行为主或能通过常用农机为宜；山地果园的操作道可根据需要顺坡修筑，多修在分水线上。

小型果园可不设主路和操作道，只设支路。平地果园可将道路设在防护林与果园之间，减少防护林对果园的遮阴。

主路和支路两侧应按照排水系统设计，修筑排水沟，并于果树行端保留6~8 m机械车辆回转地带。

果园建在陡坡的，可利用空中索道或单轨运输车道承担生产资料及产品运输。索道或单轨运输需设立固定装卸点，规划时需要注意地点的设置和运行路线的设计，以提高效率和保证安全。

四、防护林规划设计

（一）防护林作用

果园四周栽植高大的树木作防护林，可以降低风速，减少风害。有防护林的果园冬春温度高于无防护林果园，而夏季却低于无防护林的果园，能改善果园的小气候环境、调节温度、提高湿度。山地及丘陵地果园营造防护林，可以涵养水源、保持水土、防止冲刷，防护林一般为高大乔木，根系分布深广，抗风能力强。

（二）防护林设计及树种选择

防护林多根据果园规模大小和有害风向，参照地势、地形、气候特点进行规划。100亩以下的小型果园，多在果园外围主要有害风向的迎风面栽植2~4行乔木为防护林带，或在风谷口栽植较密集的林带作风障。大、中型果园，应建立防护林网。

防护林树种选择主要符合以下几方面。

（1）对当地环境适应能力强的乡土树种。

（2）生长迅速、枝叶繁茂、树冠紧凑直立的乔木树种。灌木要求枝多叶密。

（3）深根系、抗逆强、抗风强，对果树抑制作用小。

（4）与猕猴桃无共同病虫害，且不是病虫害的中间寄主，如樟树是蚧壳虫类、柑橘大灰象甲等的中间寄主；杨树是猕猴桃软腐病等多种病原真菌的寄主。最好是猕猴桃病虫害天敌的栖息或越冬场所。如果是蜜源植物，其花期需与猕猴桃的花期错开。

常用的适宜防护林乔木树种有马尾松、杉、柳杉、黑松、柏木、喜树、杜仲、石楠、榆、旱柳等，小乔木或灌木树种有紫穗槐、珊瑚树、荆条、酸枣、女贞、木麻黄、枳实等。

（三）防护林营造

1. 配置

平地果园主林带的方向应与主要风害的风向垂直或相对垂直，在与主林带垂直方向设副林带或折风线，形成防护林网。

山地果园地形复杂，防护林的配置有其特点，如迎风坡林带宜密，背风坡林带宜稀。山岭风常与山谷沟方向一致，故主林带不宜跨谷地，可与谷向呈30°夹角，并使谷地下部的带偏于谷口。谷地下部宜采用透风林带，以利冷空气排出。

2. 林带间距离

林带间的距离与林带长度、高度和宽度及当地的最大风速有关，主林带间的距离一般为300~400 m，副林带的距离一般为500~800 m。

3. 林带的宽度

一般防护林面积占果园总面积的2%~3%，其主林带由5~8行组成，副林带由2~4行组成。

4. 营造技术

防护林栽植时间宜在果树栽植前1~2年种植，也可以与果树同时栽植。株行距可根据树种及立地条件而定，乔木树种株行距常为（1.0~1.5）m×（2.0~2.5）m。灌木类树种株行距为1 m×1 m。林带内部提倡乔木和灌木混栽或针阔混栽方式。双行以上者采取行间混栽，单行可采用行内株间混栽。

要注意保持防护林与相邻行猕猴桃间的适宜距离，防止防护林带对果树遮阴及向果园串根，在间隔距离内可设置道路或排灌水渠。

5. 防风网的设置

近年来，许多高端果园使用化学纤维织成的防风网，防风效果良好，且减少了防护林的遮阴损失，提高土地利用率。防风网用尼龙或聚乙烯制成，使用寿命为6~7年，一次性投资较大。

五、水土保持规划设计

（一）水土保持的意义

在山地或丘陵地建立猕猴桃园时，由于原有植被受到破坏，土壤变松，大雨季节，降水过量形成地表径流对土壤的侵蚀和冲刷而引起的水土流失，冲走泥土和有机质，使果园土层变薄、土粒减少、含石比例增加、土壤肥力下降，严重时还造成泥石流或大面积滑坡，使生态环境恶化，因此有条件时，需要做好水土保持的相应措施。

（二）水土保持的措施——修筑梯田（地）

1. 梯田的作用

将坡地修筑成梯田，可以将长坡改为短坡、将陡坡改为缓坡、将直流改为横流，从而有效降低水的地表径流量和流速，能拦蓄降水、减少冲刷，便于耕作，易于排灌，提高地力，促进增产，改善环境，减轻灾害。

2. 梯田的结构与设计

梯田由阶面和梯壁构成，边埂和背沟是构成梯田的附属部分。

（1）阶面。山地果园的梯田阶面不绝对水平，才有利于排除过多的地面径流。在降水充沛、土层深厚的地区，可设计为内斜式阶面（外高内低）；降水少，土层浅的地区，可以设计外斜式阶面（外低内高），以调节阶面的水分分布，并可节省改良心土的工程费用。无论阶面内斜或外斜，阶面的横向比降不宜超过5°，以避免阶面土壤冲刷。

阶面宽度同梯田的综合效益关系密切，同时还要考虑猕猴桃的架式特点。窄阶面梯田施工容易，土壤的层次肥性破坏较小，但植株的营养面积小，耐旱性差，过窄不利于机械化操作。对于猕猴桃而言，以不少于3 m为宜。宽阶面种植面积大，保水保肥力强，有利于果园管理及果树优质丰产，但修筑费工量大。

（2）梯壁。根据修筑梯壁的材料不同，有石壁和土壁之分。石壁尽可能修成直壁式，从而扩大阶面利用率。土壁则以斜壁式的寿命长，其阶面利用率较小，但果树根系所能伸展的范围较大。土壁梯田的梯壁也是由垒壁和削壁组成的，垒壁土质疏松，削壁土质紧密。

阶面、梯壁及坡度三者之间关系密切，其中一个因素发生变化，即影响另外两个因素变化，是梯田设计与施工中常常遇到的问题。梯壁的高度一般不宜过高，土壁约 2.5 m、石壁约 3 m。当梯壁的高度不变、坡度变陡时，阶面可变窄；坡度变缓时，阶面可变宽，形成梯壁等高阶面不等宽的梯田。这种梯田较为省工，宜在生产上加以推广。

梯田的纵向长度原则上应随等高线的走向延长，以经济利用土地，提高农业机具的运转效率，便于田间管理。如遇到大的冲沟时，梯田长度因地制宜，可长可短，中间可断开。

（3）边埂与背沟。外斜式梯田必须修筑边埂以拦截阶面的径流。边埂的尺寸以当地最大降水强度（即 5~10 年一遇的每小时降水量）所产生的阶面径流不漫溢边埂为依据。通常埂高及埂面宽度多为 20~30 cm。

内斜式梯田应设置背沟，即在阶面的内侧设置小沟，沟深和沟底宽度为 30~40 cm。背沟内每隔 20 cm 左右应挖一个沉沙坑，以沉积泥沙，缓冲流速。背沟的纵向应有 0.2%~0.3%的比降，并与总排水沟相通，以利排走径流。

（三）水土保持的措施——植被覆盖

根据水土保持的原则设计和施工修筑梯田，其阶面和梯壁仍然可能受到降水的冲击和地面径流的侵蚀，导致土壤冲刷和水土流失。

植被覆盖可防止土壤侵蚀，减轻地表径流。梯田的土壁上必须种植植被，较宽的壁间应自然生灌木或生草，也可种植茶叶、金针菜、紫穗槐等护坡经济作物。严禁在土壁上铲草。阶面上，树行带以覆盖为主，行间采取自然生草或种植绿肥、间作经济作物等，减少水土流失。

六、管理区规划设计

一般果园除了规划设计种植区外，需要规划和建造必要的生产用房和管理用房，辅助建筑物包括办公室、工具间、车辆库、贮藏保鲜库、农业投入品库、配药场，产品分拣、包装和检测等专用场所，果品销售区、展示区，并配备相应设备，设有盥洗室和废弃物存放区。在 2~3 个小区的中间，靠近主道和支道处，设立休息室及工具库。小型果园田间设化粪池，用于平时蓄积粪肥和施肥用。

第四节　果园设施

一、架式设施

猕猴桃属于多年生木质藤本植物，需要有支架供其攀缘。为了使其枝叶能充分利用空间和光能，优质高产，应根据当地的自然条件和投资能力，选择适宜的架式和架材。生产上根据环境条件、猕猴桃品种和栽培方式，配备相应的架型，常用的架式有平顶大棚架、T 形棚架等。

（一）“T”形棚架

传统“T”形棚架指支柱的顶端加一横梁，整个架形像英文字母“T”，因此叫“T”形棚架。为了使主蔓上的结果母枝朝下生长，将横梁从支柱顶部下移 10 cm，改成降式“T”形棚架；或者在传统“T”形棚架横梁的两头增加 30 cm 长的斜梁，改成翼式“T”形棚架。丘陵或山地果园坡度小于 15°，梯田较规范的丘陵地可采用“T”形棚架，对空间利用率高，有效面积大，便于管理，生产上应用较理想。“T”形棚架行距 4 m，沿行向每 3~6 m 栽植一个立柱，立柱横截面为 10 cm×10 cm 的正方形，立柱全长 2. 5 m 左右，地上部分长 1. 8~1. 9 m，地下部分长 0. 6~0. 7 m。横梁可用钢筋水泥柱，或热镀锌钢管、角铁等，长度为 1. 5~2. 5 m；横梁上顺行向架设 5 道或 7 道 8#镀锌防锈铅丝或 2. 5 mm 热镀锌钢丝，间距为 40~50 cm；每行末端立柱外 2. 0 m 处埋设一地锚拉线，地锚体积不小于 0. 07 m^3，埋置深度为 1 m 以上（图 4-3）。

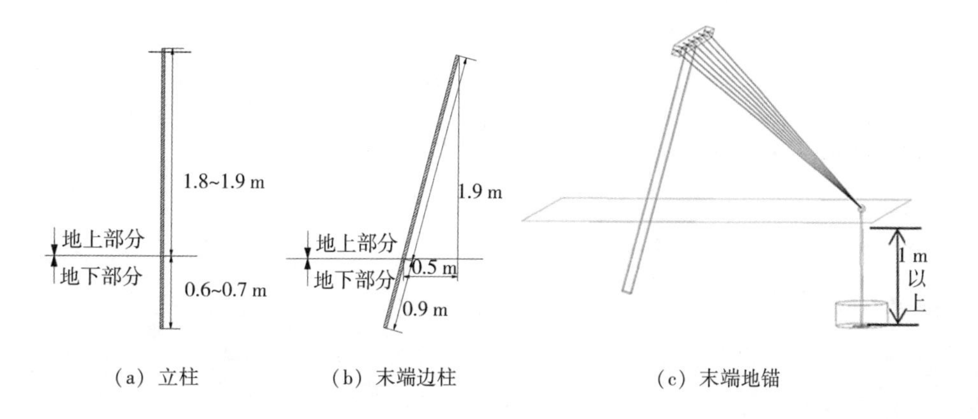

（a）立柱　　（b）末端边柱　　（c）末端地锚

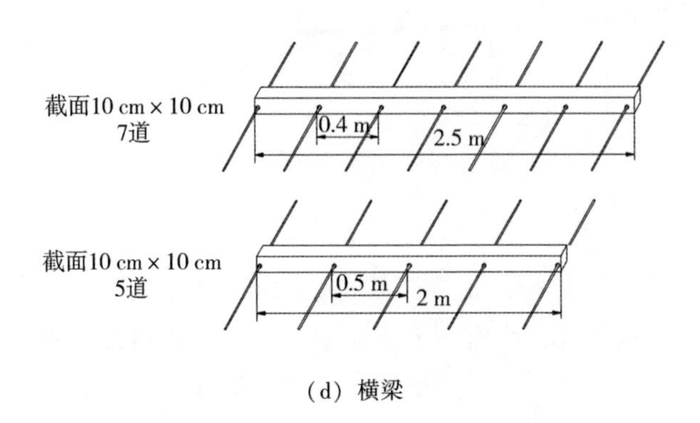

（d）横梁

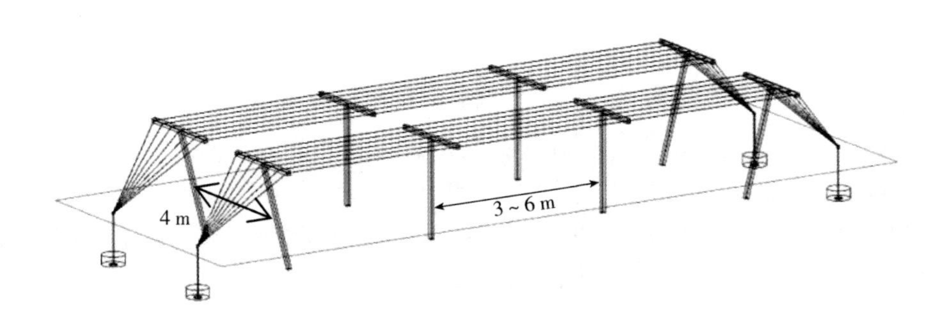

（e）“T”形棚架行距和间距

图 4-3 “T”形棚架示意图

（二）水平式棚架

平地及缓坡地果园采用水平式棚架，即在支柱上纵横交错地架设横梁或钢丝，其形似阴棚，立柱栽植密度同“T”形棚架。边桩横截面为 10 cm×10 cm，地上部分长 1.9 m，地下部分长 0.9 m，顺行向斜向外栽植，顶点垂直离边桩地面基部 50 cm 左右，以 7 根直径 1.6 mm 的钢丝绞合而成的钢绞线为横梁，横梁上顺行向架设 8#镀锌防锈铅丝或 2.5 mm 热镀锌钢丝，间距为 40~50 cm，并留有透光带；钢丝与横梁的交叉点用扎丝固定；每行、每列边桩外 1.5 m 处埋设一地锚拉线，地锚体积不小于 0.07 m^3，埋置深度 1 m 以上（图 4-4）。

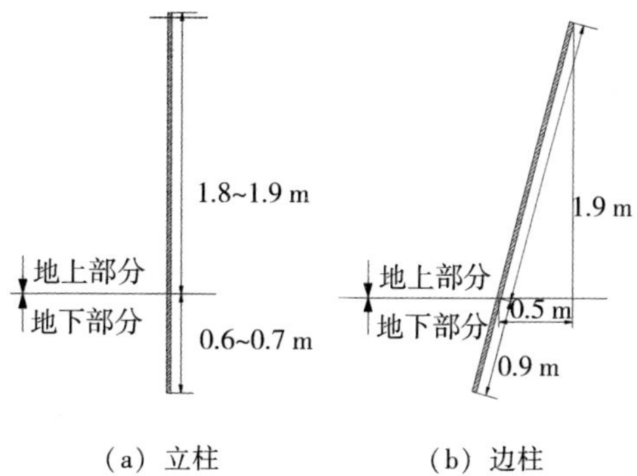

（a）立柱　　（b）边柱

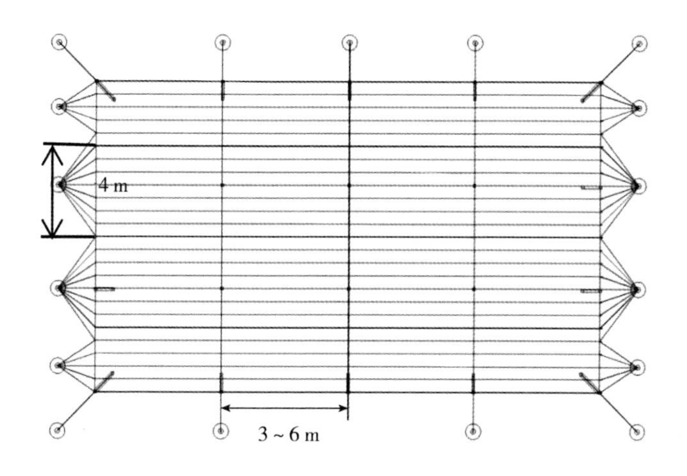

（c）行距和间距

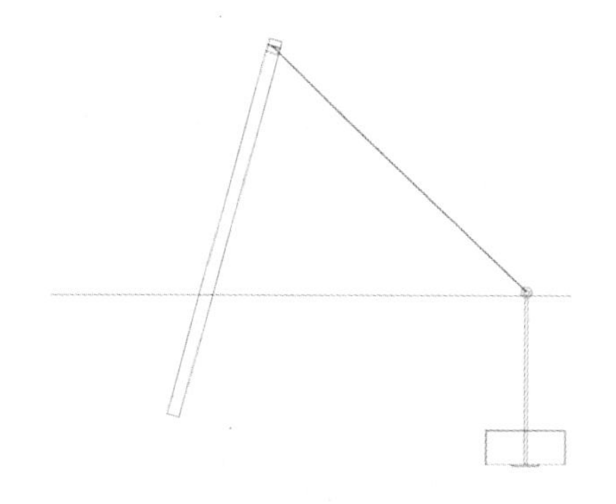

（d）侧边地锚

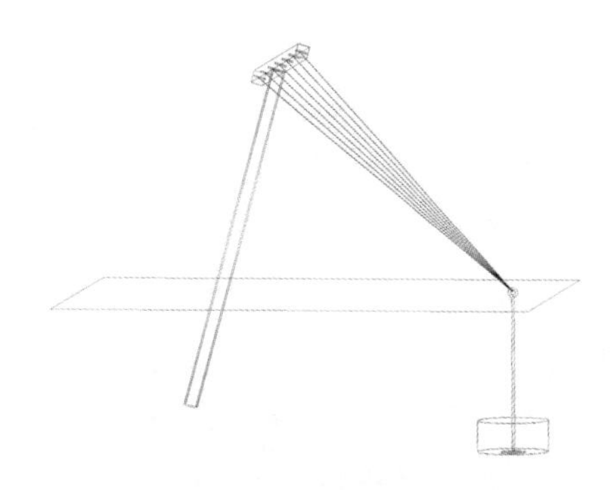

（e）顶边地锚

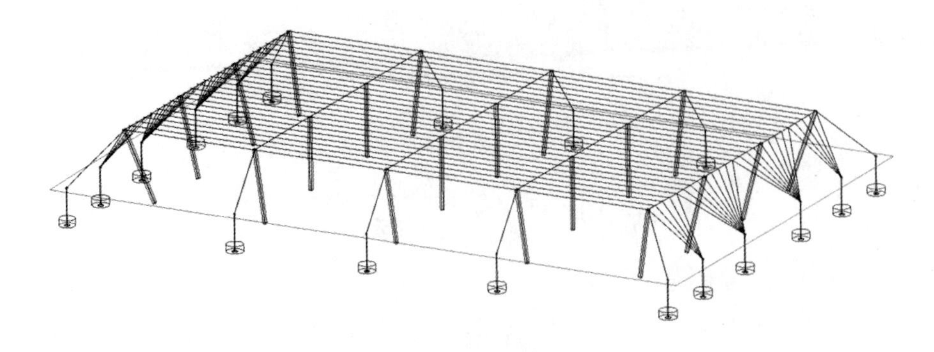

(f) 水平式棚架全貌

图 4-4　水平式棚架示意图

二、避雨棚设施

根据猕猴桃品种和栽培方式，配备相应的避雨棚设施，如简易棚、单体钢管棚、连栋大棚等，较规则的梯田和小面积平地果园可采用单体钢架大棚；较大面积的平地果园，宜建连栋钢架大棚。选用 0.8 mm 左右无滴耐用塑料薄膜覆盖，棚四周不覆膜。7 月至 9 月中旬可覆盖黑色聚乙烯遮阳网。

(一) 简易避雨棚

在“T”形棚架上搭建避雨棚，每个畦一个棚，两棚之间的间隙与畦沟对应，棚顶高 3.0 m，宽 3.0~3.5 m，肩高 1.8~1.9 m，猕猴桃架面与棚顶间距不低于 1.2 m。每个“T”形架立柱向上延长 1.2 m；每 2 个“T”形棚架之间用钢管或竹片搭建避雨棚的拱杆，间距 1 m，顶部用直径 32 mm、厚度 1.5 mm 热镀锌钢管作为连接杆连接，两边可用钢丝连接，棚上覆膜。

(二) 单体钢管避雨棚

两个畦一个棚，两棚之间的间隙与畦沟对应。棚顶高 4.5 m，棚跨度 8 m，肩高 3 m，棚肩水平宽度 7 m。拱管为直径 32 mm、厚度 1.5 mm 的热镀锌钢管，埋于地下 0.4 m；顶端拱形部分高 1.5 m；多个拱管之间的间距为 1 m；每个拱管由 1 根顶部连接管和 2 根肩部连接管连接固定。单体钢管棚的端面及每间隔 4 m 配置一个由吊杆、侧拉杆、水平拉杆加固装置。根据棚的长度配置一定数量的斜拉管。整个顶部覆膜。

(三) 连栋避雨大棚

棚顶高 5 m，单栋棚跨度 8 m，跨间无墙隔，边高 3.5 m，拱高 1.5 m；

立柱用 60 mm×60 mm×2. 5 mm 的热镀锌方管，间距 4 m，底端与规格为 400 mm×400 mm×400 mm 混凝土预制件连接固定；拱管用直径 32 mm、厚度 1. 5 mm 的热镀锌钢管，间距 1 m；跨间用厚 1. 5 mm 的镀锌天沟连接。顶棚上覆膜。

图 4-5 至图 4-7 为避雨棚示意图。

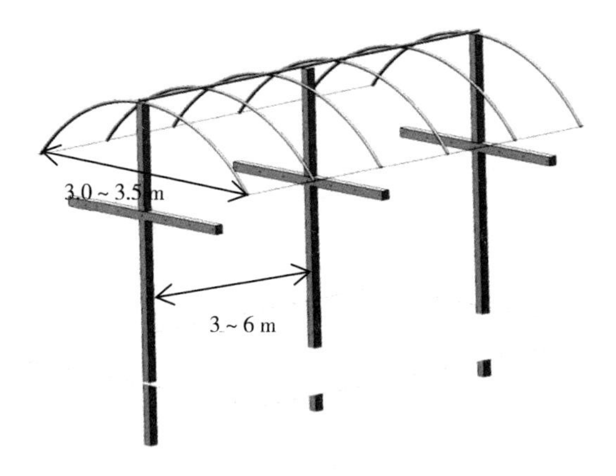

图 4-5　简易避雨棚示意图

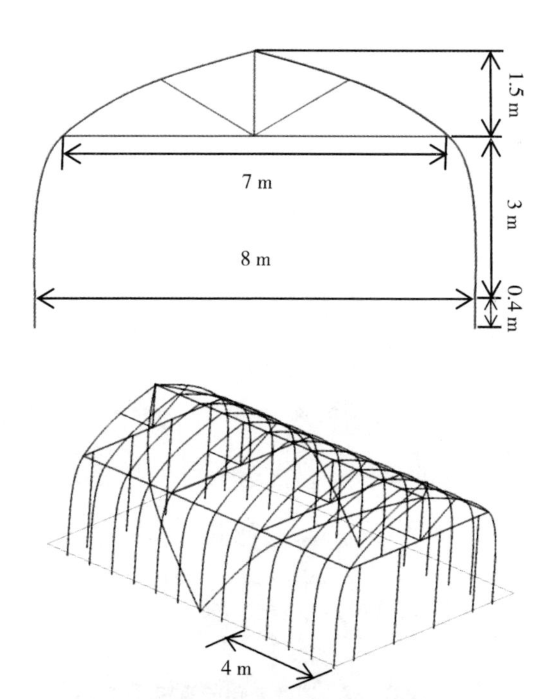

图 4-6　单体钢管避雨棚示意图

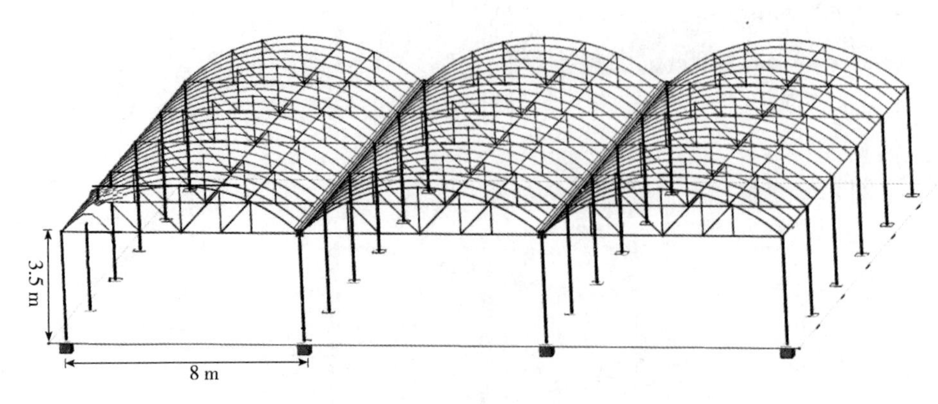

图 4-7　连栋避雨大棚示意图

三、高拉牵引设施

根据猕猴桃品种和栽培方式，配备高拉牵引设施。

在水平式棚架基础上设置高拉牵引架，设置高拉牵引设施的果园猕猴桃种植行距为 6~8 m、株距为 2~3 m，两行中间种植 1 行雄树，雄树株距 2~3 m，在雄树行架面横杆（或钢丝）中间竖立 1 根长 6 m 的镀锌钢管，最好设置伸放机构，每根镀锌钢管对应 4 棵猕猴桃，顶端系 24~40 根 1 mm 粗的细绳，细绳要求弹性变形量小，不打滑，单边各 12~20 根，间隔 30 cm 左右系在主蔓钢丝上。主蔓萌芽时，间隔 30 cm 左右保留主蔓上的芽正常生长，并及时逆时针缠绕在临近的牵引绳上（图 4-8）。

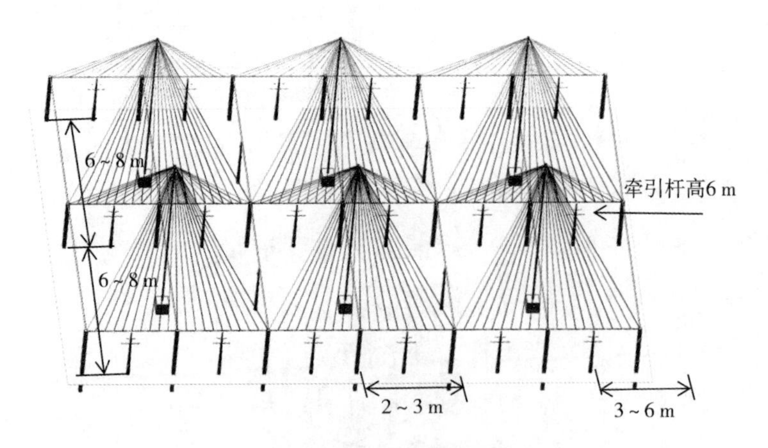

图 4-8　高拉牵引示意图

四、果园排灌系统设施

（一）灌溉系统

1. 地面灌溉系统

地面灌溉系统由水源与各级灌溉渠道组成。

（1）灌溉水源。水源依赖修建不同类型的水库、水塘，或者不断流的河、溪流。为了便于果园自流灌溉，水源位置应高于果园。如在果园高于河面和水库面的情况下，可进行扬水式取水。果园内的堰塘与蓄水池，要选在坳地以便蓄积水，如果选在分水岭处，由于来水面小，蒸发与渗漏较快，难以蓄水。

（2）灌溉渠道。果园地面灌溉渠道包括干渠、支渠、毛渠（园内灌水沟）三级。干渠的作用是将水引到果园并纵贯全园，支渠将水从干渠引到果园小区，毛渠则将支渠中的水引到果树行间及株间。

在具体规划中，水源和三级渠道要与道路、防护林和排水系统相结合，水源位置要高。便于控制最大的自流灌溉面积。丘陵地和山地果园，干渠应设在分水岭地带，支渠也可沿斜坡分水线设置。一般支渠与小区短边走向一致，而排水沟与小区长边一致。进水的干渠要短，用混凝土或石材修筑，既可减少修筑费用，也可减少水分流失。各级渠道均应有纵向比降，以减少冲刷和淤泥。一般干渠比降为1/1 000，支渠比降为1/500。

2. 节水灌溉系统

（1）喷灌。喷灌指模拟自然降雨状态，利用机械动力设备将水喷射到空中，形成细小水滴落下灌溉果园。喷灌系统包括水源、动力、水泵、输水管道及喷头等，喷头设置在树冠之上。

优点：采用喷灌可调节果园小气候，减轻低温、高温、干热风对果园的危害。在倒春寒或遇霜冻时，采用喷灌可预防霜冻或倒春寒对幼叶和花的伤害，减轻果园受害程度。喷灌基本不产生深层渗漏和地表径流，对渗漏性强、保水性差的沙质土，可节约用水。喷灌对土壤结构的破坏较小，可保持原有土壤的疏松状态。此外，喷灌节省劳力，工作效率高，便于田间机械作业。

缺点：由于增大了果园湿度，可能加重某些真菌病害的侵染；在有风的情况下，喷灌难做到灌溉均匀，并增加水量损失。

（2）滴灌系统。滴灌是机械化与自动化相结合的先进灌溉技术，是以水滴或细小水流缓慢地施于果树根域的灌溉方法，一般只对全树的一部分根系进行定点灌溉。滴灌系统的组成部分是水泵、化肥罐、过滤器、输水管（干管和支管）、灌水管（毛管）、滴水管和滴头。

优点：节约用水，与传统漫灌或沟灌相比，滴灌减少了渠道输入损失和地面流失，与喷灌相比，减少了大量水分漂移损失，滴灌仅湿润果树根部附近的土层和表土，大大减少水分蒸发。同时，滴灌系统节约劳力，保持根域土壤通气，有利于果树根系生长。

缺点：滴灌不能调节果园小气候，不适于冻结期和高温干旱期应用，且滴头容易堵塞，对过滤设备要求严格。

滴灌时间、次数及滴水量，因气候、土壤、树龄而异。如以达到浸润根系主要分布层为目的，特别是要求浸润到深层土壤，则可以每天进行滴灌，也可以隔几天进行一次滴灌。据测算，以成年树每株每次浸润根系需水123 L、每株树下安装2个滴头，以每滴头灌水3.8 L/h计算，则每次需滴灌约16 h。

（3）微喷灌系统。原理与喷灌类似，但喷头较小，并设置在树冠之下，其雾化程度高，喷洒距离小（一般直径为1 m左右），每个喷头灌溉量很小（通常为30~60 L/h）。微量喷灌法克服了喷灌和滴灌的主要缺点，具有更省水、防止盐渍化、防止水分渗漏、增加果园空气湿度等优点。在每株树下，安置1~4个微量喷洒器（微量喷头），喷洒速度大，每小时可喷射出60~80 L水，不易堵塞喷头，每周供水1次即可。由于微喷灌具有上述优点，猕猴桃园更适合用微喷灌。

（4）水肥一体化灌溉系统。水肥一体化是灌溉与施肥融为一体的农业新技术，即借助滴灌或微喷灌系统压力系统（或地形自然落差），增加施肥系统，将可溶性固体或液体肥料，按土壤养分含量和作物种类的需肥规律和特点，配兑成的肥液与灌溉水一起，通过可控管道系统供水、供肥，使水肥相融后，通过管道和滴头形成滴灌，均匀、定时、定量浸润作物根系发育生长区域，使主要根系土壤始终保持疏松和适宜的含水量；同时根据不同作物的需肥特点、土壤环境和养分含量状况、作物不同生长期需水、需肥规律情况进行不同生育时期的需求设计，把水分、养分定时定量，按比例直接提供给作物。

优点：灌溉施肥的肥效快，养分利用率提高。可以避免肥料施在较干的表土层易引起的挥发损失、溶解慢，最终肥效发挥慢的问题；尤其避免了铵态和尿素态氮肥施在地表挥发损失的问题，既节约氮肥又有利于环境保护。

技术要领：

①建立一套滴灌系统。按要求建立滴灌或微喷灌系统，利用滴灌或微喷灌增加施肥设施。

②设计施肥系统。在田间要设计为定量施肥，包括蓄水池和混肥池的位置、容量、出口、施肥管道、分配器阀门、水泵肥泵等。

③选择适宜肥料种类。可选液态或固态肥料，如氨水、尿素、硫铵、硝铵、磷酸一铵、磷酸二铵、氯化钾、硫酸钾、硝酸钾、硝酸钙、硫酸镁等肥料；固态以粉状或小块状为首选，要求水溶性强、含杂质少，一般不应该用颗粒状复合肥；如果用沼液或腐殖酸液肥，必须经过过滤，以免堵塞管道。

④灌溉施肥的操作要点。

肥料溶解与混匀：施用液态肥料时不需要搅动或混合，一般固态肥料需要与水混合搅拌成液肥，必要时分离，避免出现沉淀等问题。

施肥量控制：施肥时要掌握剂量，注入肥液的适宜浓度大约为灌溉流量的0.1%。例如灌溉流量为50 m^3/亩，注入肥液大约为50 L/亩；过量施用可能会使作物致死以及环境污染。

灌溉施肥的程序分3个阶段：第一阶段，选用不含肥的水湿润；第二阶段，施用肥料溶液灌溉；第三阶段，用不含肥的水清洗灌溉系统。

总之，水肥一体系统能省肥节水、水肥均衡、省工省力、控温调湿、减轻病害、增产高效。

（二）排水系统

排水可分两种方式，一种是明沟排水，另一种是暗沟排水。

1. 明沟排水

明沟排水是指在地面上挖掘明沟，排除径流。山地或丘陵地果园多用明沟排水，这种排水系统按自然水路网的走势，由等高沟与总排水沟以及拦截山洪的环山沟组成。平地果园的明沟排水系统，由小区内的厢沟、小区内的围沟与主排水沟组成，厢沟与小区长边和果树行向一致，也可与行间灌溉沟合用。采用明沟排水，土方工程量大，花费劳力多，但物料投入少，成本低，简单易行，便于山地推广。其缺点是明沟排水占地多，不利于机械操作和管理，而且易塌、易淤、易生杂草。

2. 暗沟排水

暗沟排水是地下埋置管道或其他填充材料，形成地下排水系统，将地下水降低到要求的深度。暗沟排水可以消除明沟排水的缺点，如不占用果树行间土地，不影响机械管理和操作，但需要较多的劳力和器材，要求较多的物质投入，对技术的要求较高。在低洼高湿地和季节性水涝地，地下水位高及水田改旱地的果园，采用暗沟排水至为重要。

五、智能化控制系统

有条件的生产基地，可建立智能化控制系统，主要包括通信控制系统、应用管理平台、环境监测系统、设备控制系统、视频监控、遮阳装置和通风设备等。定时监测果园及大棚设施内土壤水分、土壤温度、空气温度、空气湿度、光照度和土壤养分含量等，根据实时监测数据，进行自动开启摇膜、灌水和施肥等。

六、其他

配备用于翻耕旋耕、开沟起垄、施肥植保和收获储运等农业作业机械。宜配备绿色防控设施，如杀虫灯等。设置基地醒目的平面图、标志。

第五节　苗木栽植及栽后管理

一、栽苗前准备

（一）改土肥料准备

对土壤结构进行分析和检测，根据检测结果，提前准备大量的优质精有机肥和粗有机料到选择计划建果园的地块，还有相应的调节酸碱度的材料如石灰、硫黄等。粗有机料每亩地 5 t 以上，主要有作物秸秆、绿肥、灌木、花生壳、谷壳、食用菌渣、中药渣，以及猪、牛、马的圈肥等，精有机肥每亩地 2 t 以上，主要有肥力较高的禽粪、羊粪、饼肥、骨粉等，有机肥需提前堆沤充分发酵备用。

（二）土壤改良

1. 全园深翻

全园深翻可使表层土壤松软，有利于根系发育、植株生长。具体步骤如下。

（1）平整地块。对计划种植猕猴桃的地块，根据规划设计图，将计划修沟、修路的地块表层为30~40 cm熟土挖出，用于填平明显凹陷的种植区域，或均匀平铺于地块表面，确保地面平整。

（2）撒施改土材料。针对地块的土质和土壤化验结果，将准备好的改土材料撒施土面上。

（3）深翻。全园土壤深翻10 cm将土块与肥料充分拌匀，最后用旋耕机将表层30 cm的土壤打碎。

（4）整理垄带。深翻完成之后要求将厢面整理成垄畦，降水量大的区域或地下水位较高的区域，需整成高垄；而降水量少、地下水位低的区域，可整成低垄。但不论哪个区域，均要求起垄，便于大雨时及时排出多余水分。垄带沉实后，其最高点距厢沟最低点的垂直高度不低于50 cm，最高不超过80 cm，垄带过高不利于田间操作，垄带宽度随行距而变化。

2. 抽沟改土

对于疏松土壤，可采取抽沟式改土。平整土地后，按行距放线，以栽植行为中心，挖深80 cm、宽100~120 cm的壕沟，表土和底土分开堆放，然后回填。回填时，按最底层放粗有机料，如稻草、玉米秆、绿肥等压实15 cm厚，上撒生石灰回填表土5~10 cm；或将谷壳、食用菌渣等碎有机料与底土混匀，回填至最底层，厚度为15~20 cm。对回填碎有机料要求与土混匀。然后将精有机肥与余下的表土混匀，回填到沟中，至与地面齐平或约低于地面5~10 cm；最后将挖出的土壤全部回填至沟中，并高出地面30~50 cm。

完成之后同样要求将厢面整理成垄畦，原则同全园深翻。

（三）苗木准备

主要选择1~2年生健壮嫁接苗或砧木苗，砧木苗主要是对萼或美味猕猴桃实生苗。栽植前对苗木进行品种核对、登记、挂牌。选择嫁接苗苗干直径为1 cm以上，主根为7~8条，须根发达，嫁接口以上有7~8个饱满芽。实生苗为1~2年生，苗干直径为0.8 cm以上，主根为4~5条，侧根发达。

二、栽植

（一）栽植时期

裸根苗的栽植时间以落叶后至春季萌芽前的休眠期为最佳。浙江地区如能在秋季栽植效果最好，秋季、早冬定植，土壤温度还比较高，有利于根系伤口愈合。如果采用两段法栽培，先培养营养钵大苗，则一年四季均可定植。

（二）栽植密度

猕猴桃树势较强旺，生长量大，种植密度以每亩栽植 37~89 株较为合适。树势较弱的品种，其定植密度较大；树势强的品种，其定植密度较小。肥沃的土壤稀植，贫瘠的土壤密植。生态环境相对恶劣的区域，密度加大；而生态环境相对适宜的区域，密度减小。

为便于田间机械化操作和运输，宜采用宽行、窄株方式。即行距一般在 4~6 m，株距 1.5~3.0 m。株行距可根据地形从表 4-2 中选配，如果雄株采用行列式种植，则行距可采取 4 m。

表 4-2　不同株行距亩可栽苗数量　　株

行距	株距			
	1.5 m	2 m	2.5 m	3 m
3.0 m	—	—	89	74
4.0 m	—	**83**	**67**	**56**
5.0 m	**89**	**67**	**53**	**44**
6.0 m	**74**	**56**	**44**	**37**

注：1. 考虑适于机械化，提倡采取表中粗体字部分的株行距；

2. 强旺品种每亩栽植株数适于 37~67 株，中等偏弱品种适于 74~89 株。

（三）栽植方式

猕猴桃栽植时要考虑棚架搭建，主要采用宽行窄株，即长方形栽植。其特点是行间通风透光良好，便于操作管理。

（四）栽植技术

整理好的垄畦经下沉稳定后，按株距先定好栽植点。在每个栽植点处，挖半球形定植穴。定植穴直径为 50 cm，垂直深度为 30 cm，放入高度熟化的沙壤土，与挖出的土壤充分拌匀并回填，并做成高于畦面 30 cm、直径 50 cm 的馒头形定植墩。栽苗时，根据根系大小，在定植墩挖个直径定植穴，将苗木根系先理顺，放入穴中，使前后左右对齐，即可填土，一边填土一边将苗木向上提动，使根系舒展，土粒落入根系空隙中，到定植墩上部与根颈齐平或根颈部位略高于定植墩上部 1~2 cm，填土踩实。做树盘，并立即浇水。水渗后在苗木根颈部培上 2~3 cm 厚的土层，有利于保湿、防风。秋冬季栽苗，栽后根颈部培土可稍厚一点，有利于防冻，提高成活率，但第二年春季气温回升后，需尽早将填埋的土清除，露出根颈。也可在树盘覆地布或地膜，保墒增湿。

苗木切忌栽深，根颈被埋过深，皮层易腐烂变褐，容易诱发叶片的炭疽病或褐斑病等真菌性病害。但也不要栽得过浅，特别是幼苗期，容易干旱死苗。成年后，根颈及附近骨干根露出对生长有利。防止根腐病的一个重要措施就是露出树盘根颈及附近粗骨干根，有利于根系生长。

三、栽后管理

（一）定干及立支柱

幼树定植后，在它的旁边及时立支柱，便于后期引缚新梢培养主干。新栽幼苗定干、抹芽、疏梢管理参照本书猕猴桃整形修剪相关章节。

（二）追肥与覆盖

苗木定植春季萌芽前开始，在离主干 20 cm 远的地面撒施速效化肥，每株为 30~50 g，然后浅翻土，将肥料与土拌匀，整平土壤，浇透水，覆盖地布或有机物保湿。以后每隔约 20 d 施 1 次，直至 9 月末。每次施肥后均要浇水，或在小雨前撒施，有条件的直接水施效果更好，但水施肥料浓度控制在 0.3%以内。萌芽、展叶及新梢旺长各期，以氮肥或高氮复合肥为主，如尿素或磷酸二铵；后期以氮磷钾平衡肥或高钾复合肥为主，促进枝条老熟。

（三）备苗补栽

建园时，应预留一部分苗木，用营养钵培养在园内，生长季节如出现缺株时，及时补齐。

（四）幼园间作

行间间作豆科、矮秆蔬菜等作物或绿肥，以主干为中心留出 1 m 宽的树行带，地面清耕或覆盖。行间不宜间作高秆作物，光照强的区域，可在行中间套种 2~3 行玉米，对幼苗起遮阴作用。

四、及时嫁接

对于采取定植实生苗，后期嫁接品种的果园，在定植当年的春末夏初或冬季休眠期，及时嫁接。嫁接方法主要采用切接、劈接等。对于多年生老果园，大树需要更换新品种，也可以在休眠期采取劈接方法高位嫁接。嫁接高度一般是离基部 80~100 cm。

（一）切接

在砧木上选择光滑平直部位，将稍带木质的皮层切开一切口，上下深浅一致或下部逐渐向木质部深入，切开的皮层底部仍与砧木相连。选择饱满的芽苞削接穗，芽苞上方留约 2 cm 保护桩，芽苞下方约 1 cm 处削长约 1 cm 的 45°斜面，斜面背面削去长约 3 cm 稍带木质的皮层，形成长削面（顶端留有约 1 cm 的皮层，而非削掉斜面背面整条皮层），削面要求整齐光滑、深浅一致。将削好的接穗插入砧木切口，45°斜面靠外，另长削面紧贴砧木木质部，要求两者形成层至少一侧对齐，同时内侧切面上部露 5 mm 左右木质。最后用嫁接膜绑缚，并避免在绑缚过程中移动接穗。

（二）劈接

将砧木主干锯至合适高度，一般为 30~100 cm。主干越粗，嫁接部位可越高。首先将剪口修整光滑，从剪口中间部位或偏向一侧劈开，之后选择饱满的芽苞削接穗，芽苞上方留约 2 cm 保护桩，芽苞下方削一楔形，削口长度约为 3 cm，削面整齐平滑。将削好的接穗插入砧木切口。如果是大树改接，砧木粗度较接穗大，要求砧木、接穗形成层至少一侧对齐。最后用嫁接膜绑缚牢固，同时避免在绑缚过程中移动接穗。如果在冬季低温时嫁接，可以考虑在接口涂蜡保护，提高嫁接成活率。

近年来许多果园大树嫁接时，采用磨光机双锯片开大树接口，接穗三面稍带木质削皮，留下一面的形成层与砧木、形成层对齐。

（三）桥接和根接

当靠近基部的主干部分受病害影响或受冻害，出现皮层开裂时，可考虑从砧木部分培养一个健壮新梢，重新与主干健康部分嫁接，更换掉受害部分；或者果树根系受害初期，采取在旁边定植健壮高抗的砧木苗，然后将砧木苗嫁接在主干上，更换原砧木。

（四）嫁接后管理

（1）大树高接后，由于根压大，要及时在地面与嫁接部位中间开导流孔，排出上行水分，减轻嫁接口压力。

（2）对于主干直径超过 8 cm 大树，从接基部注意培养 2~3 个砧木新梢保护地上与地下部分平衡，有利提高嫁接成活率。

（3）不论哪种方法嫁接，嫁接后及时抹除接芽附近的萌蘖，当确认接穗嫁接成活后，再剪除砧木基部的萌蘖，确保嫁接芽长势。

（4）对定植的芽苗或春季刚嫁接的苗木，生长过程中随时观察嫁接口的变化。当嫁接膜即将嵌入皮层时，及时松绑，否则会在接口形成“小脖子”，影响植株生长，严重时后期易被风吹折。

第六节　管理制度建设

一、生产管理

生产主体应根据生产要求编制适用的制度、程序和作业指导书等文件，并在相应功能区上墙明示。文件内容包括但不限于：

（1）制度文件应包括农业投入品管理制度、农产品包装标志制度、产品质量管理制度、仓库管理制度和员工管理制度等。

（2）操作程序应包括卫生管理程序、农业投入品使用程序和废弃物处理程序等。

（3）作业指导书应包括定植、土肥水管理、整形修剪、花果管理、有害生物防治、采收分级、包装、贮存和运输等生产过程。

（4）制订防火、防洪和防风等灾害风险预案及防范措施。

（5）制订承诺达标合格证开具制度，保证销售的农产品符合农产品质量安全标准，不使用禁用的农药及其他化合物。

二、人员管理

制订相应的岗位职责和人员管理制度及安全生产管理制度，及时对员工进行基本的质量安全和生产技术知识更新培训，并保存培训记录。从事生产关键岗位的人员（如植保和施肥等技术岗位）应经过培训，具备相应的专业知识。应为从事特种工作的人员（如施用农药等）提供完备、完好的防护装备（包括胶靴、防护服、橡胶手套、面罩等）。

三、追溯管理

建立追溯管理制度，做好各种反映生产真实情况，并能涵盖生产全过程的生产记录；农业投入品采购、储存，设施设备使用维护，废弃物回收，产后处理加工、包装贮藏、运输物流和产品销售等信息的记录；必要时根据虫害、病害和自然灾害发生情况做好记录。生产记录保存不少于 2 年。

第五章　猕猴桃整形修剪

第一节　整形修剪目的、作用及原则

一、整形修剪

整形是指通过修剪等方法，根据不同架式，把树体培养出牢固合理的骨架结构，形成某种树形，使其有利于改善树体光照条件，提高结果能力及果实品质。

修剪是为了维护树形，控制果树枝梢的长势、方位、数量而采取的剪枝、抹芽及类似措施的总称。

整形是修剪后的基础，又必须由修剪来实现，修剪造就适宜的树形，又必须在一定树形基础上发挥作用，是一个整体技术的两个方面。

二、整形修剪的目的

自然状态下的野生猕猴桃植株，枝蔓密布，受极性现象制约而向上发展，下部秃裸，大部分养分消耗于营养生长，枝条杂乱，结果少，质量低，大小年严重。所以，整形修剪在某种意义上说是人为对猕猴桃植株的干预和诱导，使其依照人们的意愿，最大限度地满足其生物学特性的要求，充分利用架面空间摄取光照和空气，有效地利用同化养分。

整形主要目的是使各主、侧蔓和结果母枝主次分明，合理配置架面空间，培养成牢固的树体骨架。修剪的目的是在一定树形基础上调节树体养分分配，平衡生长和结果的具体措施。猕猴桃幼龄期间树体管理的主要任务是整形，成形之后的猕猴桃树主要通过修剪来维护良好的树形结构，目的是提早丰产，提高品质，延长结果经济年限，便于管理，提高工效，增加果园经济效益。

三、整形修剪的作用

猕猴桃的整形和修剪是以生态和其他相应农业技术措施为条件，因时间、地点、品种和树龄不同而不同，必须有良好的土、肥、水、热条件为基础，有效的病虫防控作保证，依据猕猴桃生长发育规律、品种的生物学特性进行修剪，是猕猴桃栽培中关键措施之一，其直接影响到树种长势、产量、果实品质等，具体体现在以下 3 个方面。

（一）协调树体与环境之间的关系

整形修剪能充分合理地利用空间和光能，调节果园土壤、气候、水分等环境因素之间的关系，通过调节光照，增加光合面积和光合时间，促进幼树迅速扩大树冠和叶面积指数，而成年树保持适宜的叶面积指数，使猕猴桃能适应环境，而环境更有利于猕猴桃的生长发育。

（二）促进树体各器官之间的生长平衡

树体各部分器官之间存在着养分竞争，同时相同器官之间也存在着养分竞争，需要通过修剪来调节，并保持各部分平衡。

猕猴桃枝、叶、花果的生长与根系生长发育存在着相互依赖、相互制约的关系，根据各时期的生长发育特点，通过修剪调节地上部分与根系的相对平衡，进而调节猕猴桃整体的生长。

通过合理修剪，保证适度的生长，在此基础上促进花芽形成、开花坐果和果实发育，可以有效调节枝叶生长和开花结果的矛盾，促进营养生长和生殖生长相对平衡，克服大小年，维持丰产稳产。

（三）调节树体的生理活动

通过修剪改变不同器官的数量、活力及其比例关系，从而对各种内源激素发生的数量及其平衡关系起到调节作用。同时，修剪可调节果树的生理活动，使果树内在的营养、水分、酶和植物激素等的变化有利于果树的生长和结果。

通过冬季修剪能明显改变树体内水分、养分状况。环剥或环割能影响调节猕猴桃枝叶营养与果实品质关系，主干环割可显著提高结果蔓可溶性蛋白、可溶性总糖含量，两主蔓环割可显著提高果实叶黄素、可溶性固形物、总糖和维生素 C 的含量，结果母蔓环割可显著提高叶片叶绿素总量。

四、整形修剪的措施

猕猴桃整形修剪因根据品种特性、架式、枝条生长特性有针对性地进行，采取不同整形修剪措施。

（一）根据品种特性

中华猕猴桃二倍体类型比中华猕猴桃四倍体和美味猕猴桃变种的树势弱，修剪应相对较重处理，防止修剪过轻而引起树势早衰。春、夏梢均能形成花芽，冬季应对春、夏梢轻剪，秋梢因养分积累时间短，位置不当的应疏除，位置适当的应重剪，促发下年壮梢。

（二）根据不同的架式

猕猴桃生产上大多采用“单主干双主蔓”树形，也有“双主干双主蔓”“单主干多主蔓”等树形，可因架式不同而采用不同树形，进而根据不同的架式调整整形修剪方式。详见本章第二节。

（三）根据枝条生长特性

猕猴桃枝条的极性生长很强，常见直立枝条剪口下抽生枝生长旺盛，水平生长的枝条生长中等、发枝短，下垂着生的枝条生长势弱、顶芽自剪等特性，采取相应修剪方法。在同株树上，骨干枝的生长势应相近，避免出现骨干枝强弱的现象，采取抑强扶弱、科学促控相结合的修剪方法。冬季修剪时应充分利用靠近主蔓或主干、当年抽生的营养枝或结果枝作下年结果母枝，防止结果部位的外移。

（四）根据不同树龄

幼年猕猴桃树，在整好形的基础上，要有利于早结果，做到生长扩冠与生殖结果两不误。成龄猕猴桃树主要通过修剪来维护良好的树形结构，促进营养生长和生殖生长平衡，实现丰产、优质、高效。

第二节　整形

整形的优劣直接影响树体以后多年的生长结果，从建园开始就应按照标准整形，否则到成龄后对不规范的树再进行改造就相对困难。

猕猴桃的树形主要依据架式而定，架式、整形和修剪之间关系密切，一定的架式要求一定的树形，而一定的树形又要求一定的修剪方式，三者相互协调才能收到良好的效果。生产上通常采用“单主干双主蔓”树形，在实际生产中也有“双主干双主蔓”“单主干多主蔓”“多主干多主蔓”“单主干单主蔓”“篱架”等不同树形。这里重点介绍“单主干双主蔓”树形的整形。

一、单主干双主蔓树形整形

单主干双主蔓树形适用于“T”形棚架和平顶大棚架，树形结构为单主干二主蔓，主蔓两侧直接着生结果母枝，每侧结果母枝相距30~35 cm，结果母枝与主蔓成直角固定在架面上，呈羽状排列，其整形技术要点如下。

（一）培养主干

按传统培养主干的方法，嫁接苗木按设计株距，可定植于两立柱中间，也可在两立柱间定植两棵嫁接苗，定植后在植株旁插立一根高于架面以上长的竹竿。定植时对苗木保留2~3个饱满芽短剪，成活后促使剪口以下萌发健壮新梢，从新梢中选生长势强且靠近嫁接口的1新梢作为主干培养，每隔25 cm左右一道固定在小竹竿上，以免新梢缠绕竹竿和被风吹裂，植株上萌发的其余新梢摘心养根，嫁接口以下发出的萌蘖要勤检查，及时剪除。图5-1为苗木旁立竹竿。

图5-1　苗木定植后在苗旁立1根竹竿

如果苗木是春季刚嫁接，则及时抹除砧木上的萌蘖，促使接穗萌发新梢，并直立培养成主干；新梢较弱时，留4~6片叶摘心，促发二次新梢。

整形过程中，如果幼树当年未上架，至休眠季节，树势极弱的，即仅有主干且地上部分60 cm处直径＜1.2 cm的，重度回剪，或原植株平放匍匐，第二年重新按上述过程整形。

近年来，也有不少猕猴桃生产主体采用一种新的主干培养方法，即嫁接苗木定植时不作任何修剪，保留苗木上所有芽任其萌发，新梢任其匍匐于地面，适时反复摘心，增加梢叶量以养根。待第二次新梢萌发后选生长势强且靠近嫁接口的1新梢作为主干培养，其余二次新梢摘心养根，这样培育的主干因第一次新梢枝叶的光合作用，养分充足，抽发的新梢直立生长可一次直超架面，培养的主干通直且一次到位（图5-2）。

图5-2　夏季生长通直的主干图

（二）培养主、侧蔓（桩）

当主干直立生长超出架面以上时，对主干回剪至架面下40～50 cm处，使主干停止生长一段时间以积累营养，促发剪口附近芽萌发。

当剪口下2～3个芽萌发出新梢时，选留两个对向生长的新梢，交叉沿两个方向斜着固定在行向主蔓钢丝上培养成主蔓。主蔓培养时，新梢不宜过早拉平，起初可拉成大于45°角向上生长，以免刺激其上侧芽和三角区芽过早萌发。主蔓钢丝低于架面主钢丝位置20～25 cm，这样培养的侧枝（桩）与架面有一定的距离，新梢上架时有一定的缓冲空间，不会因侧枝（桩）齐平架面或高于架面，新梢绑缚或冬季修剪绑枝时枝条形成“弓”形，促使枝条在架面上分布平整。图5-3为主蔓钢丝低于架面主钢丝。

主蔓钢丝低于架面20～25 cm，新梢上架时有一定的缓冲空间，冬季修剪枝条在架面上分布平整

图5-3　主侧蔓架形示意图

用高拉牵引栽培方式的猕猴桃果园，可采取高拉牵引的方式培养主蔓，即按以上方法培养主干，在剪口下芽萌发出新梢时，选留两个对向生长的新梢，交叉沿两个方向逆时针缠绕至牵引绳上向上生长培养作为主蔓。当主蔓生长的长度超过株距一半时，从株距一半处短剪，或将主蔓尾部从株距一半处侧向垂直弯曲绑缚，促发侧蔓。当年主蔓上所萌发的侧蔓全部保留，冬季再根据长势对侧梢回剪，长势强壮的一年生枝轻剪留做下年结果母枝，弱枝重剪，促发下年新梢，培养成第三年结果母枝。

生长季控制主干与主蔓交界的三角区域，及时短截三角区域的萌发芽，阻止强势新梢生长，避免影响主蔓后端枝梢的生长（图 5-4）。如在需要培养侧枝桩（组）部位芽没有萌发，可采用绞缢或刻芽的方法，刺激侧芽萌发形成侧枝，侧芽萌发后要及时解绑。

生长季三角区及新梢没有控制好，影响主蔓后端枝梢的生长

图 5-4　新梢生长过多过旺

第二年，主蔓上上年未萌发的芽和侧蔓上的芽萌发抽梢或开花结果。当年冬季，对侧蔓可进行选择培养，按照同边每隔 30～40 cm 留一固定侧枝桩（组）的原则，在主蔓上培养侧枝桩（组）。主蔓上其他部位的芽位处均培养一个预备桩，每年从桩上发出新梢反复摘心，冬季修剪时如较弱则留 2～3 个芽重剪，下年促发强壮梢，替换相邻弱的固定侧枝组，轮换结果。如果从

桩上发出的新梢强旺，可轻剪作下年结果母枝，而对相邻的固定侧枝组重剪更新，轮换结果。

（三）培养结果母枝

每年从侧枝桩（组）处培养 1~2 个强壮枝为结果母枝，侧枝桩（组）上的结果母枝应与主蔓垂直，向主蔓钢丝两边生长，采用“T”形棚架的，当结果母枝的长度超过架面宽度时，让其下垂呈门帘状，并与地面保持 80 cm 以上的距离。冬季修剪时，保留的结果母枝与行向呈直角，相互平行固定在架面铅丝上，呈羽状排列（图 5-5）。

图 5-5　结果母枝下垂呈门帘状

此种架式的整形，整个骨架的形成约需 1~2 年或 3 年；但如果是宽行的平顶大棚架，满棚架需要 3~5 年。

图 5-6 是单干双蔓树形的整形过程示意图，图 5-7 是单主干双主蔓树形整形过程，图 5-8 是双主蔓交叉树形整形，图 5-9 是侧蔓结果母枝高拉牵引培养，图 5-10 是高拉牵引园。

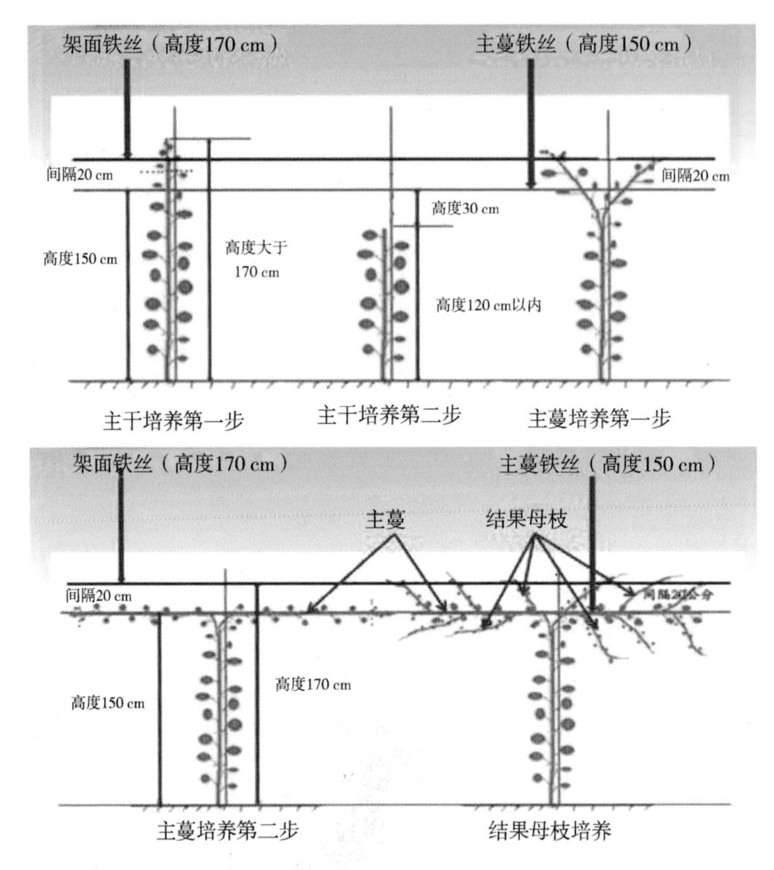

图 5-6　单干双蔓树形的整形过程示意图

图 5-7　单主干双主蔓树形整形过程

图 5-8　双主蔓交叉树形整形

图 5-9　侧蔓结果母枝高拉牵引培养

图 5-10　浙江省江山市两个猕猴桃高拉牵引园地

二、单主干单主蔓树形整形

单主干单主蔓树形适于平地、坡地顺坡设置的“T”形棚架和平顶大棚架，整形过程与单主干双主蔓树形类似。主干培养参照单干双蔓，在幼苗边立一竹竿，长度为架高度加株距，如架高 1.8 m、株距 1.5 m，则竹竿长度需 3.8 m；或竹竿高于架面，架上用高拉牵引引缚新梢培养主蔓。待新梢超过竹竿长度 20 cm 时，或高拉牵引架面以上长度超过株距长度 20 cm 时，将其放下，在主蔓钢丝（主蔓钢丝平行且低架面中央钢丝 20 cm）下 10 cm 处弯曲，沿主蔓钢丝单向向上方绑缚，成为单主干单主蔓树形，后面侧蔓的培养同单主干双主蔓树形（图 5-11）。

图 5-11　单主干单主蔓树形

三、双主干双主蔓树形整形

双主干双主蔓树形同样适于平顶大棚架、“T”形棚架，特别是老果园低位高接换种树，很容易整成这种树形。如果是嫁接幼苗定植，其整形过程参照单主干双主蔓。只是新梢发芽后，选留靠近嫁接口的 2 个新梢作为主干培养，2 个新梢架面下相距一定距离，同时需分别从旁立支柱，以防向上直立生长时相互缠绕。

老树高接换种发芽后的整形同幼苗整形过程（图 5-12）。

图 5-12　双主干双主蔓树形

四、单主干多主蔓树形整形

单主干多主蔓树形（伞形）在较早种植的猕猴桃果园中较为常见，这种树形造型容易，但修剪技术要求高，容易出现内部空膛、枝蔓紊乱、主次不明、结果部位外移等问题。同样适于平顶大棚架、“T”形棚架，其整形过程如下。

（一）培养主干

苗木按设计株距定植，春季发芽后，选留靠近嫁接口的 1 个强壮新梢作主干延长蔓培养，将其余新梢摘心养根。

（二）培养主蔓及结果枝

当主干延长蔓生长至超过架面 20 cm 时，回剪至架面下 20～30 cm 处，促发剪口以下芽萌发。当剪口以下萌发多个新梢时，选留 4~8 个新梢，朝不同方向绑缚生长，作为骨干枝（也是下年结果母枝）培养，当年冬季对骨干枝短截处理，弱枝重剪，壮枝轻剪。第二年，轻剪枝条结果，从基部培养 2~3 个营养枝作为这个骨干枝的代替枝组，重剪枝条新发出的壮枝培养 2~3 个作为下年结果母枝，以后同样可培养成结果枝组。成形后，整个树从上向下俯瞰呈伞形（图 5-13）。

图 5-13　老果园伞形树形

五、多主干多主蔓树形整形

采用多主干多主蔓树形整形，多在易发冻害区域或易发细菌性溃疡病的果园，且大多采用抗寒性强的实生苗定植后高位嫁接。这种树形不适于标准化果园采用，且费工费时，主要用于控制细菌性溃疡病。

选择抗病实生苗定植，先培养 2~3 个主干，冬季休眠期，直径超过 1 cm 的主干在 1 m 以上位置嫁接，第二年每个嫁接的接穗芽萌发后，其上培养 1~2 个新梢，将架面上的枝条呈伞形均匀分布。如果其中的哪个主干上部接穗品种枝条受冻或感染细菌病害，冬季回剪到主干健康部位重新嫁接；同时，从砧木基部再培养 1 新梢预备培养，当年冬季在新培养的主干上嫁接栽培品种，原染病或受害的主干从基部去除。后期管理中定期关注，保证每株树有 2~3 个主干（图 5-14）。

图 5-14　多主干多主蔓树形

六、篱架树形整形

篱架树形较适合棚架内两雌株行间雄株行，或水平梯地较窄的园地整形。

棚架内雄株行篱架高度等同棚架高度，可采用双臂双层方式整形，离园地地面高度 100 cm、140 cm 水平平行设置第一道、第二道钢丝。水平梯地较窄园地篱架高度可达 2.2 m，采用双臂 4 层方式整形，离园地地面高度 100 cm 水平设置第一道钢丝，向上每隔 40 cm 设一道平行钢丝。苗木按设计株距定植后留 3~5 个饱满芽短截，成活后促使剪口以下萌发健壮新梢，从新梢中选生长势强且靠近嫁接口的 1 个新梢作为主干培养，将其余新梢摘心养根。当主干直立生长超出第一道钢丝 20 cm 时，对主干回剪至第一道钢丝下 15~20 cm 处，促发剪口附近芽萌发。当剪口下 2~3 个芽萌发出新梢时，选留两个对向生长的新梢，分两个方向斜着固定在行向第一道钢丝上，培养成第一道主蔓。在主干延长处萌发的新梢，按同样方法向上培养第二道、第三道、第四道主蔓，再从主蔓上培养侧枝组（桩），再在侧枝组（桩）上培养花枝或结果母枝。这种整形方式要求主干直立粗壮，主蔓顺直且侧枝组（桩）分布均匀，结果母枝以中短枝为好。

第三节　修剪

一、修剪时期

猕猴桃按树龄来分，可分为幼龄树修剪（包括幼树和初果树）、成年树修剪和衰老树修剪。

成年树按生长周期来分，可分为生长期修剪和休眠期修剪。生长期指从萌芽至秋季新梢停止生长这个阶段。生长期修剪包括春季修剪、夏季修剪和秋季修剪。休眠期修剪是在晚秋落叶以后至翌年伤流期之前，又称冬季修剪。

（一）幼树期

幼龄树阶段一般指从定植到开始结果前这一时期。此期整形修剪的原则与方法是培育强壮枝蔓作树体骨架，冬剪时多从饱满芽处短截，夏剪多从饱满芽处重摘心，使树体多萌生健壮枝蔓，供构建两级骨架枝蔓时选择。

猕猴桃初结果树阶段一般指从开始结果到大量结果前这一时期。此阶段的整形修剪原则与方法是继续扩大树冠，补充完善树体骨架建设，运用基部刻芽、短截等手段，促发健壮枝蔓，大力培养结果母枝蔓，及时培养备用结果母枝蔓。

修剪时加大花枝蔓的留量，以产量压树势。对骨架枝蔓以外的枝蔓，以缓放为主，促进花芽大量形成，进行较轻的疏花疏果，稳定树势，为尽早进入盛果期和进入坐果期后的高产优质创造条件。

（二）成年树期

1. 生长期修剪

生长期修剪的关键时期是从萌芽至坐果后的两个月内。修剪方法主要包括抹芽和疏梢、摘心和剪梢，这个时期猕猴桃的枝叶和果实生长迅速，容易导致营养生长与生殖生长不平衡，造成枝叶封闭、病虫滋生。修剪的目的是除去过多的萌蘖和过多的新芽，改善猕猴桃树通风透光条件，减少养分无效消耗，提高光合效能，提高肥料利用率，实现养分的合理分配。此外，夏季修剪还可以增强抗风、抗逆能力，减少病虫害发生。生长期修剪宜早不宜迟，越早养分消耗越少，对枝叶、花果生长越有利。

2. 休眠期修剪

猕猴桃枝梢内部营养物质的运转，一般在进入休眠期前即开始向下运入大枝干和根部，至开春时再由根、干运向枝梢。因此，猕猴桃冬季修剪以在落叶后至春季树液流动前为宜。

休眠期修剪主要目的是完成猕猴桃结果枝的新老更替，对部分有缺陷的干枝进行更换，维护基本树形，培养骨干枝；确定次年的结果枝数量，培养结果母枝，平衡树势等。

（三）衰老树期

猕猴桃树进入衰老期后，花量过多，树势明显衰弱。

此期整形修剪的原则与方法是去弱留强，限制花量，大力更新，全面复壮。修剪的原则为利用猕猴桃潜伏芽寿命长的特点，在冬剪时，分期分批回缩结果母枝蔓基组，促使其基部萌发新枝蔓，培养新的骨架枝蔓和结果母枝蔓，选新培养的强健枝蔓位正势旺者代替病虫、枯死枝蔓。

二、修剪的主要方法

猕猴桃成年树修剪的基本方法可分为三大类：抹芽、疏梢、摘心、剪梢、绑梢、扭梢、拿枝；疏剪、短截、回缩、长（缓）放；刻芽、环割、环剥、绞缢等。

（一）抹芽、疏梢、摘心、剪梢、绑梢、扭梢、拿枝

抹芽、疏梢、摘心、剪梢、绑梢、扭梢、拿枝都是对当年生新梢的基本修剪方法。

1. 抹芽、疏梢

将位置不当的芽抹除或剪去称为抹芽；对过密新梢从基部疏除称为疏梢。抹芽和疏梢的作用是去弱留强、去密留疏，节约养分，改善光照，提高留用枝梢的质量。

2. 摘心、剪梢

将幼嫩的梢尖（生长点）摘除或捏破称摘心；对过长的新梢剪去尾部带叶部分称剪梢。

这是一项提高坐果率和果实质量的重要措施。摘心和剪梢的目的是削弱顶端优势，促进侧芽萌发和二次枝生长，增加分枝数。幼树多次采用摘心，结合施肥水，可迅速培养树形。摘心和剪梢可促进枝芽充实，有利花芽形成。花前或花期摘心，可显著提高坐果率。因此，在急需养分调整的关键时期进行摘心和剪梢，对调节树体营养分配更有效果。

3. 绑梢

生长季节对有风害或方向紊乱的新梢进行绑缚。

4. 扭梢、拿枝

扭梢是指在新梢基部处于半木质化时，从新梢基部扭转 180°，使木质部和韧皮部受伤而不折断，新梢呈扭曲状态。对于猕猴桃主干与主蔓交界处的旺长新梢可采取这种方式，降低其长势，促进花芽分化。

拿枝是指在新梢生长期用手从基部到顶部逐步使其弯曲，伤及木质部，响而不折。对一些位置适当的徒长枝采取拿枝，可减弱生长势，有利花芽形成。

（二）疏剪、短截、回缩、长放

疏剪、短截、回缩、长放都是对一年生或多年生枝条的基本修剪方法。

1. 疏剪

修剪时对过密枝从基部疏除称疏剪，其主要目的是减少分枝，改善光照。夏季疏剪常用于疏除位置不当的各类弱枝或营养枝。疏剪后减少了母枝上的枝量，对母枝的生长具有一定的削弱作用。冬季疏剪可调节骨干枝之间的均衡，徒长枝或特强枝多疏，中庸、健壮枝少疏或不疏。疏剪反应特点是对伤口上部枝芽有削弱作用，对下部枝芽有促进作用，疏剪枝越粗，距伤口越近，作用越明显。

2. 短截

冬季修剪时剪去一年生枝的一部分称短截（图 5-15）。

图 5-15　冬季对一年生枝不同程度短截

根据剪截长度，短截分为轻短截、中短截、重短截和极重短截。轻短截一般指剪除枝长度的1/4以内，中短截指剪掉枝长度的1/3~1/2，重短截指剪掉枝长度的2/3~3/4，极重短截指仅保留枝基部1~2个饱满芽。短截反应随短截程度和剪口附近芽的质量不同而异，主要是剪口附近的芽受刺激，以剪口下第一芽受刺激作用最大，新梢生长势最强，芽离剪口越远受影响越小。短截越重，局部刺激作用越强，萌发中长梢比例增加，短梢比例减少。极重短截有利于促发强旺枝梢或长梢（图5-16）。

母枝极重短截促发强旺枝梢或长梢

侧蔓极重短截促发新梢

图5-16 极重短截反应

短截主要有促进枝条生长，扩大树冠作用，可增加长枝量。短截后缩短枝轴，使留下的部分靠近根系，缩短养分运输，扩大树冠作用，可增加长枝运输距离，有利于弱枝或弱树的更新复壮。

3. 回缩

冬季修剪时剪去多年生枝的一部分（带有一年生枝）称回缩，其作用主要是更新复壮，使留下的枝能得到较多的养分与水分供应。另外，在适宜部位回缩，可防止结果部位外移，避免内膛空虚。回缩修剪主要用于骨干枝、枝组或老树更新复壮上。

4. 长放

冬季修剪时，对一年生枝不剪称长放。长放可增加枝量，尤其是中短枝数量。对中庸枝、斜生枝和水平枝长放，能促进花芽形成，第二年促发较多中、短结果枝；但不宜对背上强壮直立枝长放，因其顶端优势强，母枝增粗快，易发生“树上长树”现象。如需利用背上枝长放填补空间，必须配合扭枝、夏剪、拉斜绑缚等措施控制其生长势。

（三）刻芽、环割、环剥和绞缢

1. 刻芽

刻芽是指在芽、枝的上方或下方用刀横切皮层达木质部。夏季发芽前后在芽、枝上方刻芽，可阻碍顶端生长素向下运输，能促进切口下的芽、枝萌发和生长。刻芽主要用于幼树整形时促进缺枝一边提早发芽。

2. 环割、环剥

环割指的是，在主干上或枝条上，用刀或剪环切一周，深至木质部（图 5-17）。环割能显著提高萌芽率。

环剥，即将枝干韧皮部剥去一圈。环割或环剥主要应用在生长过旺的树上，对于树势不强旺的树不宜采用。

3. 绞缢

绞缢是用铁丝或类似工具将枝干紧扎，类似于环割，但不伤枝皮层。

这几种方法的结果都是阻断上方叶片制造的光合产物下运，具有抑制营养生长、促进花芽分化和提高坐果率的作用。但因这些措施减少了光合产物下运到根系，从而影响根系的吸收，严重时显著降低根系活力，部分吸收根变黄变黑，甚至死亡，进而影响整株树的生长。

对猕猴桃而言，刻伤、环割、环剥和绞缢主要用在营养生长过旺、花量少的树上，开花结果正常的树和弱树、幼树等不宜采用。特别是环剥，尽量对徒长性的结果母枝采用，不处理主干。环剥或环割后的伤口上直接涂药保护，可以选用铜制药剂，同时预防真菌和细菌病害（图 5-17）。

图 5-17　主干多次横割、主蔓绞缢

三、各修剪方法在不同时期的具体运用

（一）生长期修剪方法的运用

1. 抹芽、疏梢

从春季开始，主干上常会萌发出一些潜伏芽长成势力很强的徒长枝，根蘖处也常会生出根蘖苗，这些都要尽早抹除。

从主蔓或结果母枝基部的芽眼上发出的枝，常会成为下年良好的结果母枝，一般应予以保留。由这些部位的潜伏芽发出的徒长枝，在 4 月中旬前可短截，使之重新发出二次枝后缓和长势，培养为结果母枝的预备枝。

疏除结果母枝上一些弱的下位芽或过密、过多的上位芽。对于结果母枝上抽生的双芽、三芽一般只留一芽，多余的芽及早抹除。否则容易出现主蔓上空膛，特别是三角区附近更容易（图 5-18）。

图 5-18　结果母枝上部分芽抹除前后对比图

从现蕾期开始，对抹芽不及时而产生的各类枝，如砧木和主干上的所有新梢、结果母枝上萌发的位置不当的营养枝、细弱结果枝及病虫枝等均从基部疏除。疏梢时应根据架面大小、树势强弱、母枝粗细及结果枝与营养枝的比例，确定适当的留枝量（图 5-19）。

图 5-19　疏除新梢

目前生产上有两种留枝量的方法。

一种是以产定枝，按计划产量来安排留用的结果枝数量（表 5-1）。如正常生长的 10 年生徐香果园，预定产量是 1 000 kg，按平均单果重 100 g 计，则每亩需要留果约 10 000个，每株留果 200 个，留花枝 50～80 个，留结果母枝 5～8 个；如果亩产 1 500 kg，按平均单果重 100 g 计，则按 1 000 kg/亩的数据的 1.5 倍计，即亩需要留果约 15 000个，每株留果 300 个，留花枝 75～120 个，留结果母枝 8～12 个；如果亩产 2 000 kg，按平均单果重 100 g 计，则按 1 000 kg/亩的数据的 2 倍计，即亩需要留果约 20 000 个，每株留果 400 个，留花枝 100～160 个，留结果母枝 10～16 个，依此类推。

表 5-1　亩产 1 000 kg 果园留果量、留枝量参考表

平均单果重/（g/个）		80	90	100	110
留果量	（个/亩）	12 500	11 111	10 000	9 090
	（个/株）	250	222	200	182
每果枝 2.5 个果	留结果枝量/个	100	89	80	73
	留结果母枝量/个	10	9	8	7
每果枝 3 个果	留结果枝量/个	83	74	67	61
	留结果母枝量/个	8	7	7	6
每果枝 4 个果	留结果枝量/个	63	56	50	46
	留结果母枝量/个	6	6	5	5

注：平均每亩按 50 棵结果树、每个结果母枝按 10 个结果枝计算。

另一种是按密度定枝，在一定的面积或空间内留一定量的结果枝。如预定产量是 1 000 kg，按平均单果重 100 g 计，则每亩需要留果约 10 000个，每亩按有效结果面积 550 m^2 计，则每平方米留果 18 个，按每果枝 2.5 个果计，则每平方米留结果枝 7.2 个；如预定产量是 2 000 kg，按平均单果重 100 g 计，则每亩需要留果约 20 000个，每亩按有效结果面积 550 m^2 计，则每平方米留果 36 个，按每果枝 2.5 个果计，则每平方米留结果枝 14.5 个，具体参见表 5-2。

表 5-2　亩产 1 000 kg 果园每平方米留枝量参考表

平均单果重/（g/个）		80	90	100	110
每果枝留果量	总果数（个/亩）	12 500	11 111	10 000	9 090
2.5 个		9.1	8.1	7.3	6.6
3 个	留结果枝量/（个/m^2）	7.5	6.7	6.1	5.5
4 个		5.7	5.1	4.5	4.1

注：按平均每亩 550 m^2 有效结果面积计算。

2. 摘心、剪梢

主蔓上萌发的新芽，幼树全部保留，除留作培养结果母枝的新梢外，其余全部摘心处理；成年树根据具体情况选留或后期根据实际长势处理，确保主蔓不断有新芽萌发，合理利用架面空间。

蕾膨大期至幼果迅速膨大期，对旺长新梢摘心，抑制新梢的伸长生长，使叶片制造的养分集中供应蕾生长发育、整齐开花、坐果及幼果膨大。

对离主干或主蔓 50 cm 以外的新梢处理，一般留 6~8 片叶摘心或短剪。有些果园为减少夏季修剪工作量，直接从最后一个果实处摘心作“零叶修剪”，即在花梢伸长至 15 cm 左右或散蕾时进行捏心处理，促进留下叶片增大，开花前从最后一个花蕾处剪梢（图 5-20）。

对离主干或主蔓 50 cm 以内的新梢长至顶端卷曲时轻摘心或剪梢，可将其培养成为下年结果母枝（图 5-21）；对离主干或主蔓 50 cm 以内的新梢，不计划培养成为下年结果母枝的，留 6~8 片叶摘心或短剪。

图 5-20　结果枝“零叶修剪”

图 5-21　新梢轻摘心或剪梢

对于大剪口附近或主蔓上发出的位置合适的直立旺枝，在 4 月中旬前抽发的强旺枝，可留 1.5 cm 重剪，促发二次枝，培养成中庸强壮的新梢，成为下年结果母枝（图 5-22）。

图 5-22　春季新梢重剪反应

对于摘心或剪梢后附近芽萌发的副梢，需保留 1~2 片叶反复摘心（图 5-23），也可直接抹除。

摘心或剪梢要结合新梢萌发情况进行，新梢萌发早，长势强旺的要先第一轮摘心，控制长势，等待后萌发的新梢生长，促进还没有萌发的芽萌发，一般通过3~4轮，能基本完成所有新梢摘心。

3. 花后复剪

花后复剪主要针对雄株和结果母枝进行。在冬季修剪时，一般为了保留足够的花量，对雄株轻剪，满足授粉所需。谢花以后，应及时对雄株进行重剪，选留靠近主干附近生长健壮、方向好的新梢作下年开花母枝的更新枝培养。

图 5-23 二次梢留 1~2 叶摘心

对于雌株，为了保证产量，冬季修剪时相对较多、较长地保留了结果母枝，谢花后若结果量过大，可对结果母枝进行一定的疏剪。

4. 绑梢

生长季节对有风害或方向紊乱的新梢进行绑缚，一般在新梢长到 40 cm 以上时进行，防止风吹折。绑梢的目的是调整新梢的长势，避免枝蔓无序重叠，使其均匀分布在架面上。绑缚时，为了防止枝梢与钢丝接触时磨伤，不要绑得太紧，应留有空隙，常用的绑扣呈横“8”字形。绑缚过紧，影响植株生长。

（二）冬季修剪方法的运用

1. 修剪依据

每一植株冬季修剪留芽量多少，即负载量大小，应根据树龄、品种、树势、枝质及架式而定。

猕猴桃枝条的极性生长很强，常见枝条结果部位外移，直立枝条剪口下1~2个抽生枝生长旺盛；水平生长的枝条生长中等，发枝短，下垂着生的枝条生长势弱。所以，对不同树龄的植株，有着不同的修剪目的。定植后1~2年幼树的修剪，目的在于早日形成树形骨架，故修剪宜轻。盛果期的植株，通过修剪，保持树势健壮，平衡生长与结果的关系。衰老树应着重更新修剪，恢复树势，延长结果年限。

不同品种的猕猴桃，其生长结果习性不一样，修剪应有所区别。品种间萌芽率、成枝率、果枝率都有差异，一般来讲，三者相乘数值高，留芽量可少；反之，留芽量可多。结果母枝除基部1~2节很少抽生结果枝外，从第3~第4节开始引伸到第10节，甚至第20节都能抽生结果枝。中华猕猴桃品种从第 4 节到几十节都能抽生结果枝，修剪宜采用中、长梢修剪；而美味猕猴桃生长旺，结果枝相对集中在结果母枝的第 3～第 25 节，宜进行长梢和超长梢修剪。

同品种同树龄的植株，生长势强的应轻剪长放，生长势弱的宜以短、中梢修剪为主。此外，同一植株应视枝质不同，估计其可负载的能力，以及修剪的作用，决定其枝条的去留和修剪的长短。应遵循的原则是强枝长放、弱枝短留，作结果母枝或延长枝的，要留得长些，作预备枝的要短些。

冬季剪的留芽量是次年生长量和产量的基础，根据以树定产、以产定剪的原则，在修剪前必须确定单株留芽量。修剪程度越轻，留芽量越多，产量就越高，而质量就越差；反之，修剪程度越重，留芽量越少，产量就越低。留芽量的计算公式如下：

$$\text{单株留芽数}=\frac{\text{单株预定产量（以 kg 计）}}{\text{萌芽率}\times\text{果枝率}\times\text{每果枝果数}\times\text{平均单果重（以 kg 计）}}$$

公式中的萌芽率、果枝率、每果枝果数及平均单果重等数据，种植者对品种经几年的观察调查即可得到。例如，10 年生的徐香猕猴桃，单株产量设定 40 kg，萌芽率为 50%，果枝率为 70%，每果枝平均 3 个果，平均单果重 0. 09 kg，则冬季修剪时的留芽数＝40/（0. 5×0. 7×3×0. 09）＝423 个。

具体运用此计算公式时，考虑气候条件、树势和管理水平等因素的同时，要比预定的数量适当多留 10%～20%的芽数。

2. 成年树的修剪

猕猴桃种植 4～5 年以后，即进入大量结果期，已具备了基本完整的树体结构，各个级别的骨干枝蔓已经清晰可判。成年树的修剪，主要任务就在于维持基本的骨架树形，平衡生长与结果，配备方位适宜、距离恰当、生长强壮的结果母蔓或结果枝组，并对它们进行精心的维护和适时的更新复壮。其目的是保持完整健壮的树体，最大限度地延长丰产年限。

（1）主蔓更新修剪。种植后 3～5 年，部分果园因对主蔓上枝蔓的不当处理等原因，往往会有骨干枝紊乱的现象发生。如三角区域萌发的新梢长势过强而使主蔓细弱（图 5-24）；绑蔓过紧导致主蔓后端生长势减弱而侧蔓生长势加强；主蔓受到日灼、冰雹、病虫害等导致主蔓伤痕累累等。此时需要对主蔓更新。具体方法是，选择一条生长势强旺的枝蔓，引向主蔓的生长方向并保持其一定的着生角度，将原有的主蔓取而代之，然后从原来的主蔓基部剪截。

生长季三角区及新梢没有控制好，影响主蔓后端枝梢的生长。

图 5-24　三角区域萌芽和抽枝状

进入盛年期后，主蔓基本成为骨架蔓，不需随意变更。需要注意的是，主蔓的更新蔓必须生长势强壮，最好有较多的分枝，与另一边主蔓长势相当，如果两边强弱不等，可先将弱的一端拉高角度，促其多吸收营养而加快增粗生长。

(2) 侧蔓更新修剪。不论是标准的单主干双主蔓还是单主干多主蔓树形，都将从主蔓上萌发的枝条逐渐培养成侧蔓（桩），每年冬季保留侧蔓（桩）基部靠近主蔓的营养枝或结果枝作为下年结果母枝。随着树龄的增长，侧蔓（桩）基部会越来越增粗，在主蔓上长成侧蔓基桩（图 5-25）。

图 5-25　主蔓上侧蔓更新及后期形成的侧蔓基桩

（3）结果母枝（组）更新修剪。健壮的结果母枝可抽生数个甚至数十个结果枝，健壮的结果枝又可成为下年结果母枝，随着树龄的增长，连续分枝，形成分枝越来越多的结果枝组。而由结果枝转化来的结果母枝，只能在盲节以上再抽生结果枝，这样势必造成结果部位的上升与外移，内膛光秃，导致枝组的老化，结果能力下降。因此，冬剪时，应对结果母枝进行更新复壮。

尽量选留靠近主干、主蔓或直接从主蔓上萌发的当年生中庸强壮枝作为下年结果母枝，营养枝和结果枝均可，营养枝优先，并对其长放或轻剪。短截长度以两行结果母枝不交叉，且剪口直径 0. 8 cm 以上为宜，原则是“壮枝长留、细枝短留”。

作为结果母枝的枝条基部粗度以 1. 5 cm 左右最佳，不要超过 2 cm。特别是对于种间杂交品种‘金艳’，尽量选留基部粗度 1. 2 cm 左右较好，因‘金艳’品种枝条基部粗度超过 2 cm，混合花芽翌年形成的序花易出现畸形主花。

对于主蔓上过多的弱枝，则采取留 2~3 个芽重短剪，翌年春促发新梢作下年结果母枝。在枝量不足的情况下，特别是幼树，可以利用当年抽生的二次或三次健壮的营养枝作为下年结果母枝保留，位置不当的营养枝全部疏除，但主蔓上的营养枝需留 1~2 个芽重短剪。

对于生长季节从枝蔓基部隐芽或大剪口下的芽萌发的徒长枝，其节间长、芽小、茸毛多、组织不充实，一般从基部疏除。更新结果母枝只对位置适当的枝条留 3~4 个芽短截，以促使翌年发生 1~2 个充实的发育枝，成为第三年的优良结果母枝。

结果母枝更新的方法一般有单枝更新、双枝更新、轮换结果 3 种。

①单枝更新。当年的结果母枝靠近主蔓基部有长势健壮的 1 年生枝（结果枝或营养枝）时，冬季修剪时选留该 1 年生枝作为下年结果母枝，并对原结果母枝回缩至这个 1 年生枝前 2~3 cm，对保留的 1 年生枝轻剪或长放。下一年冬季，按同样方法选留新的 1 年生健壮枝培养成第三年结果母枝（图 5-26）。猕猴桃新梢生长量大，果园基本采用单枝更新。

②双枝更新。当年的结果母枝靠近主蔓基部着生的 1 年生枝长势中庸或较弱时，则可在结果母枝上选 2 个 1 年生枝，对最靠近主蔓的 1 年生枝留 2~3 个饱满芽重剪，翌年促发健壮营养枝；对另一健壮枝长放，翌年促发结果枝（图 5-26）。对于较弱的树或树势较弱的品种可采取此种方法更新结

果母枝。

③轮换结果。当年的结果母枝抽发结果枝过多，且均大量结果衰弱时，在该结果母枝所在的主蔓或二级骨干蔓上，选择离它最近的1年生强壮枝作新的结果母枝，轻剪或长放（图5-26），而对该结果母枝从基部留5~10 cm重剪，翌年促发健壮新梢，成为再下一年结果母枝。对新选择的结果母枝翌年可尽量让其结果，冬季重剪时，对其重剪回缩复壮，而用今年重剪结果母枝部位发出的健壮枝作第三年结果母枝。这样两个结果母枝部位轮换结果，有利保证丰产稳产（图5-26）。

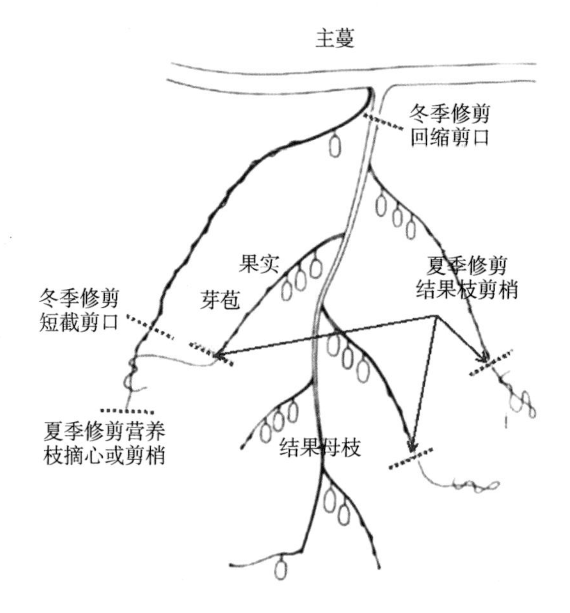

图5-26　轮换结果示意图

在实际修剪时，根据枝条生长的具体情况混合采用这3种方法。

轮换结果不仅应用在同一株结果母枝间的轮换，而且在同一个果园也可以采用，即每行树隔年结果，当年重剪一行树，让其促发大量新梢，培养为翌年的健壮结果母枝；而相邻的另一行树则正常修剪，或适当轻剪，让其结果为主，等翌年冬季，再将两行的修剪方式更换过来，结合高枝牵引技术，重剪行的枝条牵引培养，改善结果行的光照。这种方法对于密植果园可以采用，可保障年年丰产优质。

（4）老树更新。老树更新主要采用疏剪、回缩的方法，剪除老枝，促发新枝。老树更新可分为局部更新和全株更新（图5-27、图5-28）。

图 5-27　老树局部更新

图 5-28　老树全株更新

局部更新就是把部分衰老的枝剪掉，促发新枝。有些在衰弱枝疏去后，从老蔓上长出徒长枝，适当处理，可培养为新的结果母枝，长放于饱满芽处短截，隔一年后即可抽生结果枝。

全株更新就是自基部将老干一次剪掉，利用新发出的萌蘖枝重新整形，选留 1~2 个健壮的萌蘖枝作为主干培养，其余从基部疏除。保留的萌蘖枝重新按单（双）主干双主蔓树形培养骨架，1~2 年恢复树形，进入结果期。

（5）卷枝的修剪。猕猴桃枝蔓具有缠绕性，常形成卷枝。秋季采果后或冬季修剪前，可以先将树上所有的卷枝和枯枝剪除，以便观察树上枝梢的分布，为下一步修剪打基础。

（6）雄株修剪。雄株只开花不结果，其作用仅在于为雌株提供充足而良好的花粉。因此，冬季修剪轻，主要在花后复剪。

冬季主要是疏除雄株的细弱枯枝、扭曲缠绕枝、病虫枝、交叉重叠枝、萌蘖枝、位置不当的徒长枝，保留所有生长充实的各次枝，并对其进行轻剪；短截留作更新的徒长枝，回缩多年生衰老枝。

总之，结果母枝和开花母枝均必需在有充分光照的部位选留，才有利于授粉和果实发育。不论是幼树还是结果树，修剪时，首先，要疏除病虫枝、枯萎枝、卷曲枝、衰弱枝，其次，疏除徒长枝及交叉枝，对衰老结果母枝或枝组应回缩更新，对当年结果枝或发育枝进行短截。

对盛果期树修剪时，要避免两种倾向：一种是轻打头的超轻剪，盲目追求产量，造成树势早衰，商品果下降，大小年出现；另一种是超重剪，造成树体徒长不结果或产量低、品质低。对衰弱树则必须实行重剪复壮。

猕猴桃枝蔓的髓部大而中空，组织疏松，水分极易蒸发，而且伤口愈伤组织形成极慢，剪口下易干枯。因此，修剪时剪口不宜离芽太近，应留出 2~3 cm，以保护剪口芽，同时，对大剪口要涂抹伤口保护剂。

3. 冬季绑蔓

整形是通过修剪和绑蔓达到目的的。绑蔓是按照树形对猕猴桃蔓定向定位绑缚。通过引绑，可调整枝蔓长势及枝梢在架面上的合理分布，以便充分利用光能，促进枝梢生长及果实发育。

在棚架栽培情况下，幼树整形时，除作为主干培养的枝梢要求起立引缚外，所有枝条均应水平引缚于架面上，这样，生长势容易缓和。在篱架栽培情况下，垂直向上引缚，有促进营养生长的作用，而水平引缚则有抑制营养生长、有利于生殖生长（开花结果）的作用。

冬季修剪后，及时对架式整理，然后将主蔓、侧蔓固定于钢丝上，按树形及空间均匀分布。绑缚时，用麻绳或尼龙绳打成竹节扣，不可移动。

4. 修剪步骤

猕猴桃冬季修剪，在修剪步骤上要掌握五字诀，即一看、二疏、三截、四缚、五查。

看：即对一株树修剪的调查。首先要看是什么品种，什么树形，看树势的强弱和枝梢类别，再看与邻株的关系，以便初步确定植株的负载能力，大体上确定剪留的芽数。

疏：即疏除病虫枝、细弱枝、过密枝。疏除扰乱树形的三叉枝和无利用价值的徒长枝或根部、主干萌蘖枝。

截：即指对预留营养枝的剪截。根据品种习性，按不同部位、不同枝质等来定每枝条剪留长度。根据短截程度可分轻、中、重和极重 4 种。

缚：即理清主枝（侧枝、拉好骨干延长枝)、结果母枝、预备枝之间从属关系，使所有的枝条缚在架面上均匀合理分布。

查：即修剪后检查一下是否有漏剪、错剪。

修剪五字诀是互相联系的统一体。“看”是前奏，是调查研究，做到心中有数，防止盲目动手。“疏”是纲领，根据看了后的大体打算，疏剪出个轮廓。“截”是关键，决定每个枝条的留芽量及用途。“缚”是加工，通过引缚，合理配置枝条。“查”是查错补漏。

第六章　猕猴桃土肥水管理

第一节　土壤改良与管理

土壤是猕猴桃生长与结果的基础，根系从土壤中不断吸收养分和水分，供给地上部生长发育的需要。土壤的状况与猕猴桃生长结果的优劣等关系极为密切，只有加强果园的土壤管理培肥地力，才能为猕猴桃实现安全优质丰产奠定坚实基础。

一、果园土壤改良

（一）深翻改土

1. 深翻改土的作用

猕猴桃丰产、优质栽培需要土层深厚、疏松肥沃、排水良好的土壤条件。许多猕猴桃园土壤结构差，土层薄，有机质含量低，肥力差，必须进行土壤改良。深翻熟化是其改土的主要途径之一。果园深翻可显著加厚活土层，改善土壤水气条件，促进土壤熟化。同时可加深土壤耕作层，为根系创造条件，促使根系向纵深伸展，根量及分布深度均显著增加。

2. 深翻时间与深度

土壤深翻一般在 11 月上旬至 12 月上旬进行，以采果后结合秋施基肥效果最佳。同时，由于此期地温较高，伤根易愈合，尚可发新根，对翌年生长、结果有益无害，且由于结合施基肥，有利于树体贮藏营养的积累，从而促进猕猴桃根系的活动及树体的生长发育。深翻深度一般要求 60~80 cm 为宜，先是结合深施基肥进行局部深翻，以后每年或隔年在根系分布外围深翻挖沟，再放入有机肥，在树冠内宜浅，待修剪、清园工作结束，将施肥沟以外的土壤再深翻 20~30 cm，休闲越冬。幼树定植后，可逐年深翻，深度逐年增加。开始深翻 40 cm，然后 60 cm，最后至 80 cm。

3. 深翻方式

（1）扩穴深翻。对于挖定植穴栽植的猕猴桃园地，幼树定植 1~2 年后，原有的定植穴已不能满足逐年扩大根系生长的需要。因此，宜用此法扩大根系生长范围。即每年或隔年从原来的定植穴向外扩大挖环状沟，深 60~80 cm。扩穴需逐年连续进行，直至株、行间全部翻遍为止。此法每次深翻范围小，适合劳力少的园地。

（2）隔行深翻。猕猴桃密植园每年隔 1 行翻 1 行，稀植成年树可每年深翻树盘的一侧，即在株间或行间开沟深翻，每 4 年深翻 1 遍。

（3）全园深翻。对栽植穴以外的土壤一次完成深翻，适宜建园标准低的幼年园。结合地面撒施有机肥或粉碎的粗有机料，深翻时离主干 50 cm 以上。这种方式适用于小型机械作业，也是栽植前土壤改良的主要方式。

4. 深翻注意事项

猕猴桃园翻土时一定注意要与原来定植穴打通，不留隔墙。隔行深翻宜注意使定植穴与深翻沟打通，深翻一定结合施基肥。深翻时，将地表熟土与下层的生土分别堆放，回填时须施入大量有机物质和有机肥料。深翻深度应视土壤质地而异，黏重土壤应深，并且回填时应掺沙；山地果园深层为沙砾时宜较深，以便拣出大的砾石；地下水位较高的土壤宜浅翻，以免使其与地下水位连接而造成危害。深翻时尽量少伤根，以不伤骨干根为原则。如遇大根，应先挖出根下面的土，将根露出后随即用湿土覆盖。伤根剪平断口，根系外露时间不宜过长，避免干旱或阳光直射，以免根系干枯。深翻后必须立即灌透水，使土壤与根系密切接合，以免引起旱害。

（二）增施有机肥

有机肥料不仅能提供植物所需要的营养元素和某些生理活性物质，还能增加土壤腐殖质。其有机胶质又可改良沙土，增加土壤团粒结构，增强保水保肥能力；同时又能改良黏土的结构，增加土壤的孔隙度，改良其通透性。

有机肥包括人粪、厩肥、禽粪、羊粪、猪粪、牛粪、马粪、各种饼肥、堆肥、绿肥及落叶杂草等。在应用时均需要充分腐熟发酵，或将这些肥料用水浸泡或放入沼气池，取其液体稀释后使用（图 6-1）。

图 6-1　发酵腐熟的有机肥

二、土壤管理

（一）幼龄果园

1. 树盘管理

树盘是树冠在地面的投影范围，是果树根系比较集中的区域；猕猴桃根系分布较浅，并且由于灌溉和雨水冲刷，常造成根系外露，遭受高温干旱的危害。因此，建园初期就要加强树盘管理，以促进根系生长。幼树定植后到开始结果期间，树盘管理范围要大于树冠的投影。树盘管理通常包括中耕、除草、培土等。

（1）中耕松土。松土时间主要在雨后或灌溉后，表土将干而尚未结块时，这时松土可以切断土壤毛细管，减少水分蒸发，保持墒情；还要防止表土板结，保持土壤疏松状态；同时除去树盘内的杂草。松土深度约 10 cm，以不损伤根系为准，树小宜浅，近树干处宜浅。具体操作时，以树干为中心向外由浅到深，超越树盘范围可深至 15～20 cm。随着树龄增加，树冠和根系不断扩大，松土范围也随着扩大，直到全园松土。

（2）除草。幼树定植后由于经常施肥浇水，树盘内湿润肥沃，很易滋生杂草。猕猴桃侧根发达，分布较浅，杂草的生长不仅影响其根系伸展，而且与其争夺肥水，特别干旱时更为突出。在杂草繁茂时再锄草往往会伤及根系，因此要及时除草。

（3）培土。由于树盘内土壤疏松，经常浇水再加上雨水冲刷，易造成表土流失，严重时侧根会露出地面，从而遭受高温危害造成死亡。因此，树盘要及时进行培土。

2. 行间套种

在幼龄猕猴桃园实行合理间作，可以改善微域气候，有利于幼树生长，能充分利用光能和土地，增加经济效益，同时还能增加土壤有机质，改善土壤结构，提高土壤中有效养分含量；利用间作物覆盖地面，可抑制杂草丛生，减少水分蒸发和水土流失，有防风固沙作用。此外还可减少地表温度变化的幅度，改善生态条件，利于根系生长。猕猴桃种植应注意以下几点。①与间作作物保持一定距离：猕猴桃根系分布浅而广，应避免间作作物根系与猕猴桃树根系交叉争夺水肥，而影响猕猴桃的正常生长。随着树冠和根系的扩展，要逐步减少间作面积，直至停止间作。②防止遮光：间作物应选择矮秆植株，以不影响猕猴桃通风透光为宜，如矮秆的豆类和绿肥等。在肥水充足的地方可适当种植生育期短的蔬菜或药用植物以增加收益，如白菜、辣椒、黄精、元胡等。③合理轮作：为避免间作作物的连作带来不良影响，需根据各地具体条件制定间作作物的轮作制度，如豆科作物和粮食作物轮作。对于土壤有机质含量低、保水保肥能力差的猕猴桃园，提倡间作适应性强的绿肥作物，以改良土壤，各地可根据条件，夏季播种绿豆等，冬季播种蚕豆、豌豆、毛叶苕子、黄花苜蓿、紫云英等（图 6-2）。

图 6-2　幼龄果园间作

（二）成龄果园管理

1. 生草法

与传统的清耕法相比，果园生草有很多优点：能增加土壤有机质，改善果园小气候，防止或减少水土流失，改善土壤物理性状，提高蓄水保墒能力，改善根际环境，激活土壤中微生物的活动，促进矿物质转化，加快土壤熟化，抑制杂草生长。如豆科根上产生的根瘤具有生物固氮作用，可提高果实品质，明显增加干物质含量。

果园生草的土壤管理模式，一般是行间生草，行内清耕或覆草。猕猴桃栽植后的前 2 年，行间可种植豆类等低秆作物来弥补前期收入的不足，从第 3 年起可以给植株树冠下留出 1~2 m 宽的营养带，保持覆草或清耕，行间生草栽培（图 6-3）。

图 6-3　生草法

适宜猕猴桃园的草种有白三叶、红白三叶、小冠花等多年生豆科植物。可以通过播种或移栽来完成果园生草。播种或移栽的最佳时间为春、秋两季。播种时一定要确保土壤墒情较好，最好采用条播，行距 30 mm 左右，播种量每亩 0.5～0.75 kg，覆土厚度 0.3～0.5 cm。由于三叶草和小冠花的种子都比较小，为了播种均匀，可以先把种子与细土拌匀后再撒入条沟内。播种后应注意覆草保湿，提高出苗率。移栽的方法比较简单，可以从现成的草地里分株取苗，按 30～40 cm 的株行距栽植，栽后及时灌水。成活后用匍匐茎生根繁殖，不久即可使行间覆盖。无论是播种还是移栽，前期的管理都比较重要，要注意及时灌水补墒，最好采用喷灌或用洒水壶洒水，不宜大水漫灌。要清除杂草，确保幼苗的生长优势，达到苗齐苗壮的效果。播种或移栽后的当年苗弱小，一般不刈割，从第 2 年开始，当草长到 30～35 cm 时就要进行刈割，割下来的草叶和茎覆盖在树盘内，留茬不低于 10 cm，一年内可刈割 3～4 次。由于三叶草和小冠花都可以利用草茎进行无性繁殖，使原先保留的营养带越来越窄，所以每年秋季施基肥时要对扩展的草进行控制，保证给植株留出 1～2 m 宽的营养带。5～6 年后，随着草的逐渐老化，可将整个草坪翻耕后清耕休闲 1～2 年再重新种植（图 6-4）。

图 6-4　刈割覆盖

2. 覆盖法

地表覆盖是在树冠下或整个行内覆盖杂草、秸秆、绿肥等，长期坚持能有效地防止土壤水分蒸发，保持土壤湿度，降低土温，改善猕猴桃根际环境，促进根系和地上部的生长，同时对减轻高温、干旱的危害有重要作用（图 6-5）。

（1）地表覆盖的效果。覆盖具有显著的保墒作用。根据试验，在 25 cm

图 6-5　秸秆覆盖

的秸秆覆盖下，土壤绝对含水量为 15.7%，不覆盖的为 11.4%。覆盖能降低夏季土温，提高冬季土温，降低昼夜温差和季节温差，因而有利于根系的发生和生长，能够延缓根的衰老，防止根系灼伤死亡，增强根系的吸水吸肥能力。覆盖的有机物腐烂后，随水分浸入或通过耕作翻入土壤内，改善了土壤的物理性状。同时，由于有机质含量增加，土壤温、湿条件改善，促进微生物的活动，从而增加土壤中有效磷、有效钾和钙、镁、硼等元素的含量，提高土壤肥力。覆盖还可以减少地表径流，防止土壤冲刷和水土流失。一定厚度的覆盖能控制杂草生长，减轻田间除草的工作量和除草次数，起到一定的免耕作用。

覆盖法的缺点是易使果树根系引根向上，若覆前经过深翻改土，长期坚持覆草而不间断，可克服这一问题。另外，覆盖物往往是某些病虫害的越冬场所，会给防治病虫害带来不便。

（2）覆盖时间和方法。夏季的高温干旱能使猕猴桃根系的正常生理代谢受阻，树体水分失衡，造成猕猴桃根系死亡、叶片焦枯、枝条萎蔫、果实日灼等现象。猕猴桃园的覆盖一般应在夏季高温来临前完成，多在 6 月初进行。此时正值猕猴桃第二次根系生长高峰，覆盖可使根系发生量增多、高峰期延长。覆盖材料可以因地制宜，就地取材，如秸秆、杂草、锯末、绿肥等都可应用。覆盖方法有树盘覆盖、行带覆盖和全面覆盖，覆盖厚度以 25 cm 较好，至少要达 15 cm。

第二节　营养与施肥

一、需肥特性

猕猴桃正常生长发育所必需的营养元素有17种，根据需要量，可分为大量元素和微量元素。大量元素包括碳、氧、氢、氮、磷、钾、钙、镁、硫；微量元素包括铁、铜、锰、锌、硼、钼、氯、镍。碳、氧、氢来自自然界中的二氧化碳和水，其他元素则主要从土壤中获取。施肥的主要任务之一就是调整土壤中果树必需的营养元素含量，使其满足猕猴桃生长发育的需要。

（一）大量元素

1. 氮

氮素是蛋白质、遗传材料及叶绿素和其他关键有机分子的基本组成元素。它不仅是组成细胞的结构物质，也是物质代谢的基础，其含量的高低直接影响到猕猴桃的生长发育过程、果实的形成与品质。提高氮的可利用性，可以在短期之内能够提高生态系统生物产量（Vitousek等，1991）。

氮常以硝态氮、铵态氮被植物吸收，与树体的有机酸结合成氨基酸、酰胺等有机化合物。低浓度的亚硝酸盐也能被植物吸收，但浓度较高时则对植物有害。

当叶片出现淡绿色或黄色时，即表示有可能缺氮。缺氮时，由于蛋白质合成受阻，导致蛋白质和酶的数量下降；又因叶绿体结构遭破坏，叶绿素合成减少而使叶片黄化，致使植株生长过程延缓。不仅影响产量，而且果品品质也明显下降。合理使用含氮肥料，包括尿素、碳铵、硝酸铵等。用0.2%~0.3%的尿素喷施叶面缓解缺氮效果较好，每隔7~10 d喷1次，直至症状消失。

2. 磷

磷是植物体内重要化合物的组成元素，参与植物体内代谢过程，加强光合作用和碳水化合物的合成与运载，促进氮素代谢，提高猕猴桃对外界环境的适应性，如提高抗旱、抗寒、抗病能力等。

猕猴桃吸收磷素，以$H_2PO_4^-$离子最易被吸收，HPO_4^{2-}次之，磷酸根

（PO_4^{3-}）较难被吸收。此外有机磷化合物，如激素、各类糖的磷酸酯、核酸等也能被果树吸收。缺磷的症状首先出现在老叶上，缺磷后体内碳水化合物代谢受阻，有糖分积累，从而易形成花青素（糖苷）。植株缺磷时，可通过补施磷肥改善，如叶面用0.1%的磷酸二氢钾每隔7~10 d喷施1次，连续喷3次。

3. 钾

钾能促进猕猴桃的光合作用，对提高果树产量和改进品质均有明显的作用。适量钾素可促进果实肥大和成熟，促进糖的转化和运输，提高果实品质和贮藏性；并可促进加粗生长，组织成熟，机械组织发达，提高抗寒、抗旱、耐高温和抗病虫的能力。

缺钾时，根系生长明显停滞，细根和根毛生长差，易出现根腐病。严重缺钾时，植株首先在下部老叶上出现失绿并逐渐坏死，叶片暗绿无光泽。早期可施用氯化钾补充，每亩用量15~20 kg，或施用硝酸钾、硫酸钾。也可叶面喷施0.3%~0.5%硫酸钾、0.2%~0.3%磷酸二氢钾、10%草木灰浸出液等。

4. 钙

绝大部分钙以构成细胞壁胶质的结构成分存在于细胞壁中，对细胞内许多酶起活化作用，并对细胞代谢起渗透调节作用。钙能稳定生物膜结构，保持细胞的完整性；促进细胞伸长和根系生长。钙大部分积累在果树较老的部分，是一种不易移动和不能再度利用的元素，故缺钙首先是幼嫩部分受害。

缺钙时植物生长受阻，节间较短，一般较正常生长的植株矮小，而且组织柔软。缺钙顶芽、侧芽、根尖等分生组织首先出现缺素症状，易腐烂死亡，幼叶卷曲畸形，叶缘开始变黄并逐渐坏死。缺钙可通过土施石灰、钙镁磷肥（酸性土壤），或过磷酸钙等（碱性土壤）补充，或叶面喷施螯合态钙肥纠正。

5. 镁

镁是叶绿素的组成成分，能够促进营养物质积极参与光合作用。镁还有助于磷酸盐的代谢、植物的呼吸和许多酶系统的活化。镁元素能促进作物对其他营养物质的吸收，例如氮、磷、钾等元素，从而提高作物抗旱、抗寒、抗病的能力，促进植物生长发育，植株健壮，叶片保持鲜绿。

当植物发生镁元素缺乏时，会导致元素间的平衡关系失调，氮和磷吸收受阻。缺镁猕猴桃茎秆较老的叶子会首先受到影响。而且在南方酸性土壤中，比较容易出现镁元素缺乏的症状，需要注意给果树补充镁元素肥料。除有机肥与含镁肥料作基肥外，喷施 2%硝酸镁或硫酸镁，间隔 7~10 d 喷 1 次，连续喷施 3~4 次，直至症状消失。

（二）微量元素（硼）

硼能促进体内碳水化合物的运输和代谢，其重要的营养功能是参与糖的运输，参与半纤维素及细胞壁物质的合成。促进细胞伸长和细胞分裂，促进生殖器官，如花粉发芽和花粉管生长，对子房发育也有一定作用。

猕猴桃缺硼时，突出表现为：（幼树）皮孔粗大（‘徐香’‘华优’表现明显）。主干肿胀，授粉不良造成果实发育受阻：果实呈圆球形且小（‘徐香’表现明显），出现空心、落果等。随树龄增大，皮层皲裂，严重时，遇冬末初春冻旱因素，就会沿部分皲裂处产生严重裂皮情况。

缺硼可通过土施硼肥或叶面喷施硼肥来改善。秋季结合施用基肥，每株土施硼肥 10 g，施于根系远端毛细根附近。应采用撒施方法，以免造成植株硼中毒，并避免硼在土壤中的流失。叶面喷施硼肥，从萌芽期开始，结合喷药，加入 0.1%~0.2%硼肥。‘徐香’‘华优’等品种，生长期喷雾防治病虫害时，都要补加硼肥。

二、平衡施肥

（一）定义

平衡施肥是在以有机肥料为基础的条件下，根据作物需肥规律、土壤供肥性能与肥料效应，在产前提出氮、磷、钾及微量元素的适用比例。是我国农业增产的十大措施之一（一般可使农作物增产约 15%）。“测报施肥”“诊断施肥”“氮磷钾合理配比”等施肥技术均属于平衡施肥范畴。

（二）计算公式

此法以养分归还学说为理论依据，根据果树需肥量与土壤供肥量之差来计算实现目标产量（或计划产量）的施肥量，由果树目标产量、果树需肥量、土壤供肥量、肥料利用率和肥料中有效养分含量五大参数构成平衡法计算施肥公式，计算出施肥数量。

养分平衡施肥法采用目标产量需肥量减去土壤供肥量得出施肥量的计算方法，亦称差减法、差值法或差数法。其计算公式如下：

合理施用量=（目标产量×单位产量养分吸收量-土壤供肥量）/（所施

肥料中的有效养分含量×肥料养分当季利用率)

由此可见，平衡施肥之意就在于通过施肥补足土壤供应不能满足果树预期产量需要的那部分营养，使土壤和果树保持养分供应平衡，以便达到预期产量。

三、施肥技术

(一) 施肥时期

根据猕猴桃对养分的吸收规律、土壤中营养元素和水分变化规律、肥料的性质等确定施肥时期。猕猴桃一般每年施肥 1 次，追肥 2~3 次。

1. 基肥

基肥以有机肥为主，主要包括饼肥、粪尿肥、堆沤肥（绿肥）等。有机肥必须经过充分腐熟才能施入果园土壤，有机肥料所含的营养元素多呈有机态，如纤维素、半纤维素和氨基酸等，这些化合物必须经过各种微生物和酶促反应的矿化过程，才能生成比较简单的化合物，使迟效性养分转化成果树可直接吸收利用的速效养分。基肥配施磷肥，再配施速效氮肥。基肥施用量应不少于全年施肥总量的 60%。一年中施用基肥的时间以早秋（落叶前）11 月采收后效果较好，建议基肥年年施用效果更好（图 6-6）。

图 6-6　果园施基肥

2. 追肥

(1) 萌芽肥。一般在 3 月，此时萌芽开始，以后萌发抽梢、现蕾，正值猕猴桃花芽形态分化阶段。施用量占全年的 15%左右，以速效肥为主，通常施用稀薄人粪尿加复合肥。

(2) 壮果肥。一般在 6 月上中旬，此时正值幼果迅速膨大期，占全年施肥量的25%左右，以速效钾肥为主，配施氮磷肥。可分多次施入，减少每次施入量，提高肥料利用率。此时追肥，可提高光合效能，促进养分积累，有利于果实膨大和枝条老熟。

（3）采果肥。这个施肥主要是解决大量结果后造成树体营养物质亏缺和花芽分化的矛盾。主要针对早熟品种，采果后施用，以高氮复合肥为主，促进枝梢营养生长，促进营养积累。对于早中熟猕猴桃品种，采果后土施1次速效氮肥或高氮复合肥，并结合防病虫加施1~2次氮素为主的叶面肥，可提高叶片光合功能，增加树体氮素的贮藏营养。对于晚熟猕猴桃品种而言，可推至采果前后，结合施基肥进行，即将基肥施用时间提前，基肥中混入氮肥，有利于根系和枝干中贮藏大量氮素。此外，在整个生长季节，都可以进行多次根外追肥。

（二）施肥量

施肥量的确定是比较复杂的问题，应根据树龄、树势、产量、土壤肥力和肥料利用率来确定。实际操作中，都是根据树相与施肥经验，定出适当的施肥量。根据日本香川农试场对8年生海沃特调查来看：猕猴桃对营养元素钾的吸收量最多，为253 g，其余依次为氮214 g、钙114 g、磷78 g、镁36 g；树体内分布，氮：根＞叶＞枝＞果实；磷：叶＞根＞枝＞果实；钾：叶＞果实＞枝；钙、镁都是根内分布最多。

1. 根据树龄

一般幼树根系分布深度浅且范围窄，树体生长所需要的养分也较少，随着树龄的增加，所需养分也逐渐增加。一般亩栽56株的猕猴桃年氮磷钾肥施用量见表6-1。新西兰学者根据猕猴桃主产区情况，建议成年树施肥量为氮素为11.3 kg/亩、磷素为3.7 kg/亩、钾素为6.7 kg/亩。日本农林水产省试验场对海沃德品种确定的施肥标准：成年树每亩施氮、磷、钾分别为13.3 kg、10.6 kg、12 kg。同时，还应每年埋入一定数量有机肥料，以保证充足的肥源。

表6-1　亩栽56株的年施氮磷钾肥施用量　（单位：kg）

树龄	尿素	磷肥	钾肥
1年	0.56	0.70	1.93
4年	16.80	21.00	57.96
8年	36.40	46.76	115.92

2. 以果定肥

氮、磷、钾的吸收在叶片迅速生长期至坐果期，主要来自上一年树体贮藏的养分，从土壤中吸收较少；果实发育期，养分吸收量显著增加，尤其是磷钾吸收量较大；在落叶前仍吸收一定养分，并将其贮藏在树体内为来年萌芽、展叶、开花提供养分。一般每生产 1 000 kg猕猴桃鲜果，需要吸收氮 1.8 kg、磷 0.2 kg、钾 3.2 kg、钙 0.45 kg、镁 1.6 kg、硫 0.2 kg。建议浙江省亩产 1 500 kg的猕猴桃园，肥料施用量：氮素 10~13 kg/亩（尿素的含氮量 42%~46%，指的是 100 kg 尿素中含氮素 42~46 kg），磷素 7~9 kg，钾素 8~12 kg，分 3 次施用：一是“芽前肥”，占全年施肥量的 15%；二是“壮果肥”，6 月上中旬施用，占 25%；三是“基肥”约占 60%。土壤 pH 值若过低，即强酸性土如红黄壤可每亩施石灰 100~150 kg。微酸性至中性条件下，土壤中的营养元素有效性比较高，再加上多施有机肥，一般不会引起微量元素缺乏。

（三）施肥方法

1. 土壤施肥

土壤施肥是主要的施肥方法，直接关系到土壤改良和果树根系发育的质量，是其他施肥方法所不能代替的。土壤施肥的位置及深度要根据肥料性质、土壤性质及树体根系分布状况而定。

液态肥及氮、钾化学肥料可施在根系分布的上层或周围，使肥料随水渗透到下层土壤。但对于上层土壤较肥沃而中下层较贫瘠时适当深施，有时也可与有机肥一起施在下层。磷肥在土壤中的移动性较小，而且在酸度过大的土壤中（pH 值 5.5 以下）容易与土壤中的铁、铝化合成不溶于水的磷酸铁、磷酸铝，难以被植物吸收。因此，使用水溶性的磷肥时要注意靠近根部施用，宜与有机物混用，或施用颗粒型的氮、磷、钾复合肥料，这样可减少与土壤接触，提高肥效。

厩肥、堆肥、绿肥、杂草、豆秆等有机肥料宜分层施入土中，并与土壤混和，使其充分发挥改良土壤的效果。充分腐熟的有机肥可施在根系分布圈的外围或细根分布的地方，而新鲜的有机肥料须施于离根系分布圈较远的地方。通常用的有环状沟施、放射状沟施、条施、穴施及全园撒施等方法。

（1）环状施肥。又叫轮作施肥。是在树冠外围稍远处环状沟施肥，此法有操作简单、经济用肥等优点，但挖沟易切断水平根。因此，这种方法适用于幼树和小型树冠。

（2）放射沟施肥。这种方法一般较环状施肥伤根较少。但在挖沟时也要躲开大根。也要隔年或隔次换放射沟位置，扩大施肥面积，促进根系吸收，一般用于春、夏季的追施肥料（图 6-7）。

图 6-7　放射沟施肥

（3）条沟施肥。可在早施基肥的果园行间、株间或隔行开深 80～100 cm、宽 80 cm 左右的沟施肥，也可结合深耕进行。这种方法工作量大，施肥量也大，但肥料利用时间长、效果好。

（4）穴施。即在树盘挖深 25 cm 以上、宽 20 cm 左右小坑，在每株树挖小坑 10 个或更多，均匀分布于树盘内。这种方法适用于春夏施的速效性化学肥料和液体粪肥。

（5）全园施肥。将肥料均匀地撒布园内，再翻入土壤里，但因施得浅，常导致根系上浮，降低根系的抗逆性和易发根蘖。成年果园或密植果园根系已布满全园时多采用此方法。

2. 叶面施肥

叶片、嫩梢和幼果等绿色部分，都具有吸肥能力，尤其是叶片对养分的渗透要比其他器官大得多，肥料溶液喷于叶面后，由气孔和角质层进入叶内。重点喷叶背，也要兼顾叶面。一般叶面喷肥 15 min 至 2 h 后养分即可被叶片吸收。在难以进行土壤施肥的情况下，可用根外追肥来补救。如遇到干旱，根系吸收养分数量不足时，用根外追肥的方法更有效。

适于根外追肥的肥料及浓度如下。

氮肥：以尿素最好。尿素中含有二缩脲成分对植物有毒害作用，其含量超过 0.25% 时就不宜使用。故叶面喷肥时要用优质尿素，浓度一般以 0.2%～0.5%为宜。

磷肥：常用过磷酸钙（含 P_2O_5 20%左右）1%～2%浸出液。

钾肥：常用0.5%~0.8%的硫酸钾、磷酸二氢钾等。

锌肥：常用0.1%~0.3%的硫酸锌。

叶面喷肥在整个生长季节，即从展叶抽梢到开始落叶都是适宜的，以每月喷施2~3次最为理想。但为了某种目的，可以选择某种肥料在同一时期多喷几次。如花期多喷硼肥，果实膨大期和营养积累期多喷钾肥。氮肥可以单独使用，亦可与磷钾肥配合使用。叶面喷肥可以与防治病虫药剂配合使用。

3. 灌溉施肥

灌溉施肥是通过灌溉系统进行施肥，灌溉施肥技术是把农作物生长发育的两个基本因素水分和养分相结合建立灌溉和施肥的技术系统。灌溉施肥因节水、省肥、省工、高产、优质、高效、环保等优点成为现代农业技术的重要组成部分，在农业生产中得到广泛应用。

灌溉施肥可分为地面灌溉、地下灌溉（即加压灌溉）、注射灌溉。地面灌溉和注射灌溉适用于粮食、蔬菜、高端果树等作物。

加压喷灌可在多种地形条件下应用，如不能用地面灌溉的不平坦土地、陡峭土地等。出水器和喷嘴的多样化有利于调节供水量和水分的渗透速率。通过加压形成喷灌、微喷灌、滴灌指的是应用细孔径滴灌器的灌溉技术，微灌的流量小于200 L/h。微喷灌类型有可移动时针式和线性移动支管，喷灌和滴管技术可根据作物需水量和根系分布进行最精确的供水和肥料。最有效的方法是滴灌施肥，它可以减少成本投入并将养分输送到根区。

（1）灌溉施肥系统组成。①水源：河水、自来水、地下水；②控制设备：各类阀门、控制器、中控卫星站；③输水设备：管道、管件；④灌水器：喷头、微喷头、滴头、滴灌管等灌溉系统末端出水装置；⑤安全设备：进排气阀、泄压阀、泄水阀。还有加压设备（水泵）、过滤设备（过滤器）、量测设备（水表、压力表）。

（2）灌溉施肥的品种。常用作灌溉施肥的氮肥品种有：硝酸铵、尿素、氯化铵、硫酸铵及各种含氮溶液；磷肥品种有磷酸和磷酸二氢钾及高纯度的磷酸二铵；钾肥品种主要为氯化钾、硫酸钾、硝酸钾；各种微量元素肥料、氨基酸、腐殖酸等。

（3）对肥料特性的要求。溶液中养分浓度高，田间温度下完全溶于水，溶解迅速，流动性好，不会阻塞过滤器和滴头。能与其他肥料混合，与灌溉水的相互作用小，不会引起灌溉水pH值的剧烈变化，对控制中心和灌溉系统的腐蚀性小。

（4）存在及需注意的问题。我国设施灌溉技术的推广还处于起步阶段，灌溉技术与施肥技术脱离。灌溉施肥工程管理水平低，灌溉施肥设备生产技术装备落后，针对性设备和产品的研究和开发不足。灌溉施肥技术的成本较高，而农产品的价格偏低，这是目前技术推广的最大障碍。

肥料和土壤的相互作用、肥料之间的相互作用问题的协调，在某些肥料产品中还没有得到解决。有时出现沉淀造成施肥不匀，甚至造成大量的堵塞，影响水肥一体化的效果。设备的防腐性能不好，经常造成肥料对设备的腐蚀，对实行水肥一体化的操作技术还没有深入普及，掌握不好，这也是影响施肥和灌溉效果的一个重要方面。

第三节 水分需求与管理

不同的果树种类对水分的要求也不尽相同。凡是生长周期较长、叶片面积较大、生长速度较快、根系较为发达、产量比较高的果树，一般对水分的需求量就比较大；反之，则需水量较小。因此，科学地对果树进行浇水是确保果树的果实质量和高产稳产的重要因素。

一、需水特征

猕猴桃叶片的蒸腾能力很强，远远超过其他温带果树。在陕西关中地区，猕猴桃的日平均蒸腾速率达到 5.3 g/（dm^2·h），最高时超过 10 g/（dm^2·h），相似条件下的苹果的平均蒸腾速率和最高蒸腾速率分别为 3.4 g/（dm^2·h）和 5.0 g/（dm^2·h）。猕猴桃的水分利用率远远低于其他温带果树，苹果制造每克干物质约需消耗水分 264 g，梨是 400 g，猕猴桃则需要 437.8 g，是目前落叶果树中需水量最大的果树之一。

猕猴桃在夜间的蒸腾量也很大，约占全日蒸腾的 19%，有时达到 20%~25%。控制灌水量的干燥处理与适量灌水之间的叶面蒸腾差异很小，干燥处理的叶片即使直到出现日灼症状，抗气孔扩散上升也较小，即使失水萎蔫接近枯死，叶片的蒸腾速率仍然很大。

在野生条件下，猕猴桃多生长在山间溪谷的两旁比较潮湿、容易获得水分供应的地方，在距谷底流水线较远的高处，分布越来越少，是否有可靠的水源供应是猕猴桃能否生存的条件。在我国南方多数地区，年降水量接近或超过 1 000 mm，但分布并不均匀，干旱不时出现。在我国北方降水量则明显偏少，且多集中在秋季，夏季猕猴桃需水的临界时期常出现持续干旱，伴之以酷热，蒸腾量极大，这时若不及时灌溉，猕猴桃的生命活动就会受到严重阻碍。

二、干旱对猕猴桃生长发育的影响

（一）根系

猕猴桃因受旱遭到伤害时，最先受害的是根系，根毛首先停止生长，根系的吸收能力大大下降，若干旱持续加重，根尖部位便会出现坏死，而这时在地上部无明显的受害症状。

（二）枝梢

地上部比较明显的受害表现是新梢生长缓慢或停止，甚至出现枯梢，叶面则出现不显著的茶褐色，叶缘出现褐色斑点，或焦枯或水烫状坏死，严重者会引起落叶。当树体的叶片开始萎蔫时，表明植株受害已相当严重。

（三）果实

干旱缺水对果实的危害也很大，受害的果实轻则停止生长，重则会因失水过多而萎蔫，日灼现象也会相伴出现，由于植株的保护性自身调节功能，日灼严重时果实常会脱落，果实生长发育后期，过度干旱还会使红心品种的果实红色褪色。

（四）幼树

干旱缺水对新建猕猴桃园的影响更大，由于新栽树的根系刚开始发育，吸收能力很弱，而地上部枝条的伸长很快，叶片数量和面积增加迅速，根系吸收的水分远远满足不了地上部分蒸腾的需要。如果不能及时灌水，持续的干旱极易造成幼苗失水枯死。

三、果园灌溉

（一）灌溉时期

猕猴桃有 5 个明显的需水期。

一是萌芽至开花前：此期需灌 1~2 次水，以补充伤流和萌发所需。田间含水量应达 75%以上，保证树体发芽和新梢生长，有利于长叶和开花。

二是新梢和幼果迅速生长期：此期需灌水 1~2 次，以保证幼果迅速生长，枝条和根系的快速生长，以促进其营养生长和生殖生长的需要。

三是果实迅速膨大和混合芽形成期：此期需灌水 2~3 次。正值夏季高温期，及时灌水可以缓解气候高温、低湿和树体蒸腾量大的矛盾，可以促进果实迅速发育、混合芽形成对水分的需求。

四是秋季天旱时或施基肥后：需灌水 1~2 次。

五是入冬后：需灌水 1 次，有利于树体不受冻害，并安全过冬。

（二）灌溉量

适宜的灌水量应使果树根系分布范围内的土壤湿度在一次灌溉中达到最有利于生长发育的程度，只浸润表层土壤和上部根系分布的土壤，不能达到灌溉水要求，且多次补充灌溉，容易使土壤板结。

因此，一次的灌水量应使土壤水含量达到田间最大持水量的 85%，浸润深度达到 40 cm 以上。根据灌溉前的土壤含水量、土壤容重、土壤浸润深度，即可计算出灌水量：

灌水量=灌溉面积（m^2）×土壤浸润深度（m）×土壤容重（g/cm^3）×（田间最大持水量×85%-灌水前土壤含水量）

例如：一猕猴桃园，面积 0. 2 hm^2，土壤容重 1. 25 g/cm^3（t/m^3），田间最大持水量 25%，灌溉前土壤含水量 14%，根据上述公式可计算出灌水量：

灌水量=0. 2×1 000×0. 4×1. 25×（25%×85%-14%）= 72. 5 t。

（三）灌溉方法

1. 地面灌溉

南方果园，本身因雨水较多，平地果园开设有排水沟，干旱时可利用排水沟蓄水灌溉，不必在每次灌溉时开沟。同时，因沟较深，可以浸润分布在较深层的根系，而且浸润均匀（图 6-8）。

2. 节水灌溉

主要有滴灌、喷灌、微灌等方式，是利用机械动力将水按喷雾方式或水滴方式灌溉到空中或者地面。此类灌溉方法比地面灌溉节约用水。既缓解大量灌水的漫流所造成树根系的无氧呼吸、土壤板结硬化等不良影响，给猕猴桃树创造出良好的需水条件，又节省了水资源，是目前最有效、最经济的灌溉方法，可与施追肥结合（图 6-9）。

（1）滴灌。顺行在地面之上安装管道，管道上设置滴头，在总入水口

图 6-8　行间灌水

图 6-9　节水灌溉

处设有加压泵，在植株的周围按照树龄大小安装适当数量的滴头，水从滴头滴出后浸润土壤。滴灌只湿润根部附近的土壤，特别省水，用水量只相当于喷灌的一半左右，适于各类地形的土壤。缺点是投资较大，滴头易堵塞，输水管田间操作不便，同时需要加压设备、过滤设备等。

（2）喷灌。分为微喷与高架喷灌两种方式。微喷要使用管道将水引入田间地头，需要加压。如果使用针孔式软塑料膜管，可以将其顺树行铺设在地面，灌溉时打开开关即可。这种方式投资小，但除草、施肥等田间操作不方便。如果使用固定式硬塑管，则需要将输水喷水管架设在空中，在每株树旁安装微喷头，喷水半径一般为 1~2 m。这种方式省水，效果好。高架喷灌比漫灌省水，但对树叶、果实、土壤的冲刷大，也需要加压设备。喷灌对改善果园小气候作用明显，缺点是投资费用较大。

四、果园排水

（一）涝害对猕猴桃生长发育的影响

猕猴桃是果树中最不耐水淹的树种之一，1 年生植株在生长旺季水淹 1 d后会在 1 个月内相继死亡，水淹 6 h 虽不会造成死树，但对生长的危害程度很大，成年猕猴桃树被水淹 3 d 左右后，枝叶枯萎，继而整株死亡。福井等曾对猕猴桃 1 年生嫁接苗在旺盛生长期进行淹水试验，水淹 4 d 的有 40%死亡，水淹 1 周左右的在 1 个月内相继全部死亡，比过去认为的耐涝性最差的桃树还差。涝害对猕猴桃的影响主要是限制了氧气向根系生长空间的扩散，造成通气不良，导致根系生长和吸收活力下降以致死亡。

猕猴桃是浅根性植物，既喜湿润气候，又害怕水涝。土壤水分过多时透气性降低，氧气不足，抑制根系呼吸，造成微生物死亡，降低肥力，产生乙醇、甲烷、一氧化碳、硫化氢等有毒物质，致使根腐、树体萎蔫而整体死亡。因此，果园建设中必须修好排水渠道，做到及时排水防涝。

（二）排水方法

1. 地面排水

在平地果园，特别是土壤黏重或地下水位高的果园，排水问题很重要；而在低丘、浅山区的果园，由于排水流畅，很少出现问题。

最常见的平地或缓坡地果园的排水沟，为土沟或砖混结构渠道系统，多沿大小道路和防护林设成明渠灌排渠网。灌水渠在地势高的一端，排水渠在地势低的一端。也可在灌排水渠的两端设闸，从而使灌排水渠合二而一，以上游的排水渠作下游的灌水渠。涝时用于排水、蓄水，旱时用于灌溉。渠深至少在地表以下 50 cm，以便根系密集层不渍水（图 6-10）。

图 6-10　排水沟排水

2. 地下排水

可在定植沟内建通气槽，使通气槽在旱时作为地下灌溉沟，涝时作为排水槽。这种方法在平地黏重土壤上建园时值得推广。

在坡度较大的浅山、梯田果园，排灌系统要设计为分级输水，以防止水流过猛，引起设施毁坏或土壤流失。

（三）涝害后猕猴桃管理

1. 及时开沟排水

没有排水渠的种植园应及时开沟排水，把下雨过后的积水尽快排空，园内低洼处仍有积水的需及时开沟引排，增加通风措施降低土壤含水量（图6-11）。

图 6-11　开沟排水

2. 全园松土

连续的强降雨易造成猕猴桃根系缺氧，植株生长放缓。如果种植园所处的地理位置欠佳，则容易造成二次感染病害的发生。因此，全园松土可以有效缓解此类问题的发生。松土时一定的浅耕松土以促发新根快速生长为主要目的。松土后还应该依树势、树龄、产量等适时进行一次全园的追肥，混合施入有机肥、果树专用肥及复合肥，根据植株的生长态势和状况决定施肥量。

3. 加强树体保护

（1）树干涂白。涝后易落叶滋生虫害，进行树干涂白时可适当加入一些杀菌剂、杀虫剂，以起到防治预防的效果，涂白的高度应从根部往上50~70 cm为宜。

（2）喷施叶面肥恢复树势。采用0.2%尿素+0.5%磷酸二氢钾，叶面喷施，每隔7 d 1次，连续2~3次可看到效果。预防虫害发生以及植株感染受病现象也可叶面喷施多菌灵800倍液或甲基硫菌灵1 000倍液，控制病菌滋生，避免进一步危害植株生长。强降雨过后，在天气允许的条件下还应尽早喷施活性氧消除剂缓解涝害，可用1 000 mg/kg苯甲酸钠或抗坏血酸等（活性氧消除剂）喷施叶面以起到防治效果。

4. 适度修剪

对因连续降雨受灾后所引起的猕猴桃落叶要及时修剪枯枝，并疏除病虫枝、交叉枝、密生枝、纤弱枝，使树体通风透光，促使植株加快自体代谢平衡。

5. 清理病株

去除已经死亡或者感染严重病害的植株，带出猕猴桃园区集中处理。处理的措施可以是土埋或焚烧等。

第七章　花果管理

第一节　花果生长发育的影响因素

一、影响因素

环境气候和营养水平是影响花果生长发育的主要因素。

（一）环境气候因素

光照、温湿度、水分、风等环境气候因素对猕猴桃花果的生长发育影响最大。

1. 光照

猕猴桃喜光耐阴，对强光直射敏感，喜散射光。夏季高温、强光、低湿的天气条件下，猕猴桃处于严重的胁迫状态，叶、果表面温度极高，蒸腾剧烈，光合效率低，适度遮阴能改善冠幕下微环境，有效缓解高温、强光、低湿的危害，消除叶片光合作用的“午休”现象，但过度遮阴也会导致全天光合效率下降，光合产物积累减少，所以，光照直接影响叶片营养积累和光合产物的形成与分配，合适的光照是花芽形成、开花结果、果实生长的的必需条件。

2. 温度

温度是猕猴桃重要的生存因素之一。冬季极端低温、年平均气温和生长期积温都影响猕猴桃生长，猕猴桃花果生长发育季需要一定量的积温，但温度过高或过低同样会对花果生长发育造成伤害。如晚霜及“倒春寒”容易损害幼芽，冻坏花芽；花期温度影响花粉萌发、花粉管伸长、受精及坐果，开花前突然降温或长时间温度过低，会严重影响花芽质量，影响开花和坐果，温度过高也会使花器发育不良；夏季高温会导致营养生长过旺而抑制生殖生长，尤其是夏季夜间高温会消耗果实发育前期积累的干物质；夏季高温会引起叶片萎蔫，果实发生“日灼”，因叶斑病引起提早落叶；红肉品种果实的内果皮红色素因高温强光而褪掉。

不同品种冬季需要230~900 h的0~7.2 ℃低温积累来打破休眠，经过600~1 200 h的低温积累，可促进成花，使花芽分化整齐。

3. 水分

花芽分化期之前适当控制水分，抑制新梢生长，有利于光合产物的积累，能促进化芽分化，水分过高会引起细胞液浓度降低，氮素供应过量，造成营养生长过旺，水分过低时，会影响根系对营养物质的吸收，所以干旱协迫和水涝等逆境都不利于花芽分化和花果的生长。

4. 风

猕猴桃对风非常敏感，微风不但可以调节园内的温度、湿度，花期还会辅助授粉；生长季强风会对果园造成花枝折断、幼果风疤；夏季干热风引起叶片萎蔫、干枯反卷，影响光合作用，还会造成果实“日灼”。

（二）营养水平

1. 挂果量

当年挂果量过多，会消耗大量养分，特别是秋季叶片制造的光合作用产物不足，降低树体贮藏营养水平，影响花芽形成数量和质量，造成大小年。要调控好生长与结果的平衡，通过抹芽、摘心、疏枝、重短截促发二次梢等措施，控制春梢长势；旺树长放少截，控制肥水供给，加强生长期修剪；加强疏花疏果，保持合理的挂果量，减少树体养分消耗，调节生长与结果的关系（参考第五章第三节）。

2. 土壤肥力

土壤肥力差也会影响树体有机营养的积累，致使花果生长发育营养缺乏，花芽和果实质量降低。要通过园地覆盖、合理施肥等措施，改善土壤理化性状，使根系处于良好的土壤环境中，最大程度发挥吸收功能，使树体健壮、营养充足。如在园地进行行间生草或覆盖；肥料使用种类方面，要增加施用有机肥料比例；在萌芽前和幼果期，多施氮肥，促进萌芽，迅速增加叶面积，加速细胞分裂，促进新梢生长和幼果膨大；在花芽分化期（果实采收前后），控制氮肥，多补充磷、钾肥。

3. 园地管理水平

因园地管理不到位，病虫危害或其他管理不善，造成秋季叶片早落，光合产物不够，营养贮藏水平降低，影响第二年花果生长发育。要通过生长季修剪，及时疏除多余营养枝，对强旺结果枝摘心短截，避免叶幕层重叠，改善树体光照条件，确保有散射光照入架下；加强病虫害管控，多补充叶面肥料，保护叶片，防止叶片衰老，延长叶片光合时间，提高叶片光合能力。

二、合理负载

合理负载是果园优质丰产的前提。

（一）适宜负载量的含义

负载量是一株果树或单位面积上的果树所能负担果实的总量。适宜负载量是根据既要保证当年产量、果品质量及最好的经济效益，同时又能培养出大量的健壮新梢成为下年结果母枝，维持树势，保证丰产稳产确定的。

（二）负载过量的危害

过量负载易造成树体营养消耗过大，导致果实变小，品质降低；当年结果过多，树体营养消耗过大，不利于当年花芽形成，导致第二年或第三年连续减产而成为小年；过量负载导致树势明显削弱，新梢、叶片及根系的生长受抑制，不利于同化产物的积累和矿质元素的吸收；过量负载加剧果实间摩擦，加重果树病虫害的发生。

（三）确定负载量的依据

果树负载量应根据果树历年产量和树势及当年栽培管理水平确定。猕猴桃种植中，大多采用叶果比和树龄、树势来确定负载量。猕猴桃不同品种的叶果比有所差异，目前人工栽培的猕猴桃品种或品系均以短果枝和中果枝结果为主，其叶果比一般为（3~6）：1。

三、坐果率

提高坐果率是果园优质丰产的基础。

坐果率是形成产量的重要因素，而落花落果是造成产量低的重要原因之一。猕猴桃是雌雄异株，雄株搭配适宜、天气正常情况下，坐果率均很高，不存在生理落果现象。

导致坐果率低的主要原因是：

（1）贮藏养分不足，花器官败育，花芽质量差。

（2）花期低温阴雨、霜冻或干热风。

（3）花腐病、灰霉病、溃疡病、花蕾蛆等病虫害。

（4）雄株不足或人工授粉用的花粉带病等，导致花朵不能完成正常授粉受精。图 7-1 为授粉不良坐果状。

（5）授粉受精不良，子房产生的激素不足，不能调运足够的营养物质促进子房继续膨大而引起落果。

所以在做好园地土肥水管理和病虫害管控、确保树体营养水平的基础上，通过提高授粉效果，实现优质丰产。

坐果率低

坐果失败

图 7-1　授粉不良坐果状

第二节　花期管理

一、疏蕾、疏花

由于猕猴桃花量大，坐果率高，在授粉受精良好的情况下几乎没有生理落果现象。如果结果过多，则养分消耗，减少单果重，果实品质下降，商品率降低，无商品价值，还会出现大小年结果现象。所以必须进行人工疏花疏果，而且越早越好，疏蕾比疏花疏果更能节省养分。

猕猴桃在开花前 1 个月，正是花的形态分化期，合理的花量有利于形成优质的花，增加子房的细胞数量，疏蕾在花序分离 1 周后至开花前都可进行，越早疏蕾越有利于余下花蕾的发育，提高花的质量，从而提高坐果率和增大果实，可以确保当年产量和质量。

疏蕾要在前期抹芽、疏枝的基础上进行，如前期抹芽、疏枝没有到位，会严重影响疏蕾工作的效率，导致后期授粉、疏果工作量增加，同时影响树体营养分配，造成果实偏小等情况发生，所以疏蕾要及时、尽早的同时，还要结合抹芽和疏枝，按结果母枝上每间隔 15~20 cm 留一个结果枝的原则，将结果母枝上过密的、生长较弱的结果枝疏除，保留强壮结果枝。前期疏蕾未到位的，可在花蕾开放后边授粉边疏花，或上午授粉下午疏花，直至疏除到位。

猕猴桃的开花结果习性是按一定的顺序开花，一般同一个花序中，中心花最先发育，生长势强，容易授粉受精，果实较侧花果大，成熟期也比侧花果早。在同一结果枝上，最基部节位的花质量最差，其次是先端节位的花，中部节位上的花质量最佳。疏蕾时，首先疏除畸形蕾、病虫蕾、侧花、无叶小蕾、极小的蕾，最后掐头去尾疏除基部和先端，留中间健康花蕾。按枝条健壮情况，生长健壮枝留 5~6 个花蕾，中等枝留 4~5 个花蕾，细弱枝留 3~4 个花蕾，极细弱枝疏除，预留花蕾量一般按计划产量的 150%左右进行估算，以备后期发生病虫危害、灾害天气或授粉效果不佳时能保证当年的产量。图 7-2 为疏蕾前后图。

疏蕾前　　疏蕾后

图 7-2　疏蕾前后图

对于种间杂交品种‘金艳’这类多歧聚伞花序类品种，可能因枝条生长强旺，其混合花芽的花序花易出现畸形主花，如果中心花蕾出现畸形时，可选留端正、个大的一级侧花蕾，在肥水充足条件下，依然可以结出优质大果。图 7-3 为‘金艳’畸形花蕾图。

'金艳'主花蕾畸形

图 7-3　'金艳'畸形花蕾图

二、授粉

（一）猕猴桃开花习性

1. 花期

品种间差异较大，同一品种在不同地区不同年份也有变化，中华猕猴桃各品种在浙江 3 月 10 日至 4 月 10 日先后现蕾，最早的在 3 月 5 日出现花蕾，从现蕾到开花一般需要 25~40 d，4 月 15—25 日为初花期，最早的在 4 月 5 日出现初花。美味猕猴桃的盛花期大多在 5 月 1—10 日，花期约比中华猕猴桃推迟 5~15 d。雌花开放期一般为 3~5 d，全株开放期为 5~7 d，雄花开放时间一般有 5~8 d，比雌花长 2~3 d，全株开放长达 7~20 d。

2. 花的开放

雌、雄花的开放时间大致相同，清晨 3 时开始，但多数集在上午 7—8 时。同一株树上开花顺序是：向阳部位先开；树冠的下部向上部，内部向外部顺序开放；同一枝上一般中部先开，顺序先上后下地开；同一花序内正中的顶花先开，2~3 d 后侧花开放。花的寿命与开花天气相关，花期如遇天晴、干燥、大风、高温等，花的寿命缩短；反之，如遇阴天、低温、无风、高湿等，花的寿命延长。

3. 花粉活力

雌、雄花的生活力，不同雄株品种花粉发芽率、生活力、花粉量、花期明显不同。据浙江省农业科学研究院园艺所 1989 年调查，雄花花药多在晴天上午 7 时左右开裂，“开雄”品种每朵花的可育花粉量，顶花约 30 万粒、侧花约 7 万粒，其花粉发芽率及花粉管生长速度皆以顶芽为优。雄花生活力与花龄有关，花前 1~2 d 至谢花后 4~5 d 花粉都具有萌发力，但以花瓣微开时萌发力最高，此时花粉管伸长快，有利于深入柱头受精。雌花开花前后 2 d 的受精能力最强（此时花瓣乳白色），开花 3 d 后受精结实率开始下降，花瓣开始变黄，柱头顶端开始变色，5 d 以后柱头不能接受花粉。因此，在进行雌雄株配置时，应考虑雄花顶花的花期最好与雌花花期同步或略早 1 d。

（二）提高授粉效果

授粉的成败直接关系到当年的产量和效益，关系到果实的单果重和外形，是一年工作的重中之重。对单果来讲，授粉成功则果形好，果实内种子数量多，单果重量大，则收益相应提高。授粉方法包括自然授粉、蜜蜂授粉和人工辅助授粉。天气较好的条件下，如空气相对湿度 80% 以上、温度 25 ℃左右、微风、且雄株配比合适、分布均匀，可以进行自然授粉和蜜蜂授粉。空气温湿度或雄株配比条件不适合时，则需要人工辅助授粉。

1. 合理搭配授粉树

猕猴桃为雌雄异株，选择花期一致的雄性品种，雌雄比例以（5~8）：1 适宜，或采用梅花式方形种植，以 1 株雄株为中心，周边配置 5~8 株雌株；或采用行列式雄株带状定植，即一行雄株配置 1~2 行雌株，增加园区的授粉树比例，无论是风力传粉，还是昆虫传粉，都比较有利。

随着劳动力紧缺，劳动成本越来越高，许多低配雄株的老果园已开始在思考增加雄株比例，确保在天气较好的情况下自然授粉充分，同时也可以确保在天气较差需要人工辅助授粉时采花方便，具体办法如下。

（1）定植密度比较大的果园，在行距较窄的情况下隔行整行嫁接或隔株嫁接雄株，雌雄比达到（1~2）：1。

（2）在株距较宽的情况下则可在每根水泥柱边上种植雄株，雄株缠绕在水泥柱向上生长，仅需控制好其生长范围即可。

（3）在果园四周补栽或改接雄株，在园区周边空地集中建雄株园，既加大雄株比例，有利于蜜蜂传粉或是风力传粉，又有利于人工收集花粉，提高授粉效果。

2. 花期放蜂

猕猴桃既是风媒花，又是虫媒花，主要是由昆虫传粉，其中蜜蜂是主要传粉者，所起作用最大，图 7-4 为蜜蜂授粉。花期放蜂蜂箱通常置于果园侧面，蜂箱位置应温暖、避风，能发挥最大传粉作用。在果园外围种植雄株，可使蜜蜂在飞往雌株之前先采到雄花粉，且对任何方向吹来的风，雄株都首当其冲，有利于风传花粉。

图 7-4　蜜蜂授粉

猕猴桃的花不产花蜜，故对蜜蜂无特殊的吸引力，尤其是能产花蜜的花如柑橘等与猕猴桃同时开放时，蜜蜂飞来传粉更少。蜜蜂在猕猴桃花上采粉时，如花粉偏干，则较难装满蜜蜂的集粉囊，所以在早晨和阵雨之后，花粉比较湿润易于采粉时，蜜蜂传粉的作用最大。因此，花期遇干燥天气，建议喷水增湿，保持花粉湿润状态，便于蜜蜂采集。

一般当果园 10%~20%的花开放时，将蜂箱引进果园，以每公顷 8 箱较为适宜。果园最后一批花谢之前，应尽快移走蜂箱，以便果园喷用花后杀虫剂，避免伤到蜜蜂。蜜蜂未离开果园前，不要施用杀虫剂。

蜜蜂传粉要达到理想效果，还需要采取如下措施：

（1）尽早与养蜂者商定引蜂之事，每公顷放蜂 5~8 箱，并通知邻近果农，蜜蜂已引进果园并告之蜂箱所在位置。

（2）在雄花开放前，用雄蕾捣汁拌白糖或蜂蜜喂饲，提高蜜蜂访雄花积极性。

（3）引蜂前刈割果园杂草，在蜜蜂进园前一周完成花前喷药防控病虫，以免药剂残留危害蜜蜂。

（4）在猕猴桃花期，果园不能使用对蜜蜂有害的物质，开花期间如果必须喷药，如喷杀菌剂，则应在无蜜蜂传粉之时，即在清晨或傍晚喷施；否则，会使蜜蜂中毒，而且喷雾的冲力也会伤到蜜蜂。

溃疡病严重的果园或区域，放蜂有传播病害的风险，建议加强病害防治，采用健康的花粉和人工喷授更安全。

3. 人工授粉

充分授粉受精，除能提高坐果率外，还有利于果实增大和端正果形。众多研究指出，美味猕猴桃单果种子数与单果重呈线性正相关，中华猕猴桃的大果型果实的种子数不低于450~600粒的阈值。所以，一般认为，生产大果型的果实必须保证种子数达600~1 300粒/果，这就要求科学搭配授粉树、在花期做好授粉工作。授粉受精良好的子房，会提高激素的合成，增加幼果在树体营养分配中的竞争力，果实发育快，单果重增加。人工辅助授粉可以增加果实中种子形成的数量，使各心室种子分布均匀，在增大果实体积的同时，使果实的发育均匀端正，减少和防止果实畸形。

一般在缺少授粉品种或花期天气不良时采用人工辅助授粉，具体操作如下。

（1）花粉收集。采集健康雄株含苞待放的铃铛雄花，量少的情况下可以用剪刀在花萼、花瓣后部剪断，使花瓣、花丝的基部与主体分离，剪完后用筛网将花药与花瓣、花萼分开，花量大时可用机械将花苞粉碎，收集花药后均匀地摊在光滑的木板或洁净的白纸上，注意厚度不能超过 3 mm（越薄越好）。然后，将摊有花药的木板置于 25~28 ℃的恒温箱或自制简易烘箱（纸箱内安装 1 个 100 W 白炽灯）中，每隔 1 h 翻动 1 次，烘干（约 8~12 h），使花药开裂，释放出花粉。过 120~180 μm（目）筛收集花粉，经过滤、装瓶。

机械剥花使用特制的剥花机，制出的花药干净整洁，出粉率比人工略低。急需使用花粉时烘箱温度可适当调高，加快出粉，但不能超过 28 ℃，以免影响花粉活力。不着急使用时温度要低一些，炕制的花粉活力比较高，但不能低于 21 ℃，以免出粉时间太长，降低花粉发芽率，湿度大时还会发霉变质。正常情况下，一般 1 kg 鲜花蕾能制备 7~10 g 的花粉。

当天采集的鲜花必须当天加工完毕，不能隔夜。不提倡采取日光暴晒的方法炕制花粉，因为强烈的紫外线会极大地伤害花粉活力。

大型果园、雄花园可采用纯花粉提取机进行花粉生产，方便快捷，提高功效。图 7-5 为花粉采集过程图。

（2）贮藏花粉。花粉收集后放入防潮玻璃瓶内备用，如果需要长期贮

图 7-5　花粉采集设备及过程

藏或是次年使用，则必须在-18 ℃以下冷冻密封条件下干燥保存，一般存放一年仍能保持活力，待使用前根据花粉用量提前 1～2 d 取出，放置在冷藏室缓慢回温，让花粉苏醒。如果是 3～5 d 内使用，可以密封保存在冰箱冷藏室。需要注意的是，不要随意将制备好的花粉放置在常温下，否则 4~5 d 的时间就会使花粉活力降低 50%，而 5~6 ℃冰箱冷藏室保存条件下 7 d 活力降低 50%；同时，花粉制备好后尽早低温密封保存好，以免吸潮而发生霉变，影响花粉活力及授粉效果。

（3）花粉检测。近几年，猕猴桃产区大多采用人工授粉，主要是由于果园雄株配备比例过低，花粉不足，自然结果率低。因此，市场上出现了很多成品花粉，没有条件自制花粉的情况下，可以购商品花粉。但在购买前，建议索要厂家的花粉发芽试验报告及病原菌检测报告，尤其是溃疡病、花腐病、果实软腐病等随花粉传播的病害的病原菌检测报告，以及花粉原料来源、质量保证卡等，以保证花粉质量和安全。充分授粉最根本的办法还是果园科学搭配雄株，或单独建雄株园、自制花粉，以免因劣质花粉带来病害或降低坐果率，造成不必要的损失。

不管是自制花粉还是商品花粉，最好在使用前进行花粉活力检测，有条件的可自己检测，没有条件的可以通过相关部门或相关协会组织等进行检测，避免花粉活力低造成当年减产。具体检测方法如下：准备一片载玻片和一个培养皿，将蔗糖 10 g 和琼脂粉末 1 g 加入 100 mL 水中煮沸，然后将溶解后的液体在载玻片上涂一薄层（制作发芽床）；在培养皿中铺上一片滤纸，用水湿透；把花粉撒到载玻片上，把载玻片放入培养皿中，加盖保湿；在 26 ℃培养箱中放置 4~6 h 使花粉发芽，然后使用显微镜（200~400 倍）观察花粉管的伸长情况，统计发芽率。

（4）人工授粉

①对花授粉。露水干后，一般在上午 7：00—11：00，直接采集刚开放的雄花，对着雌花柱头轻轻涂抹，开放的雌花柱头分泌黏液，具有黏性，易于粘住花粉，完成授粉过程。一般情况下，1 朵雄花可授 6~7 朵雌花。这种办法成功率高，但费人工，面积不大果园可采用这种授粉方法。

②固体授粉。采用简易授粉器点授或授粉枪喷授，所用花粉需要根据花粉活力情况混合一定比例的辅料，辅料要求密度与花粉相近，无吸湿性，流动性好，且不含抑制花粉发芽的物质，如石松子粉等。目前市场上有以花药、花瓣粉碎物作为辅料的，由于其密度与花粉相差较大，且易吸潮，建议不要使用。混合辅料时，按照稀释倍数称量花粉和辅料，然后用孔径 120~180 μm 的网筛反复筛 3 次，使之充分混合。

a. 花粉点授。花粉点授大多是由用毛笔、烟嘴、海绵等做成简易授粉器点授，授粉器头部要宽大，点授时尽量能一次性盖住雌花柱头，同时安装约 40 cm 长的把手，以便对高处的雌花授粉，田间授粉时装花粉的器皿可选择洁净的小药瓶。在实际操作中，由于上午果园湿度大，授粉器头部很容易受潮将花粉粘在一起，不便操作，所以要多准备几支授粉器备用。

花粉点授具体方法：先将授粉器在花粉混合物中轻轻蘸一下，然后轻轻触碰开放雌花柱头，即可完成授粉过程。切忌对雌花柱头敲打和用力过猛。晴天上午、低温午后或阴天整天都可进行授粉，只要柱头有黏液即可进行。雌花的可授粉时间为开花后的 3 d 内。开花后前 2 d 是授粉的最佳时间。温度偏高、湿度偏低的情况下，花期较为集中，花瓣凋落较快，需要集中人力物力进行有效授粉，此时可以对果园喷清水或直接开启果园内的微喷灌系统，提高果园空气湿度，从而提高柱头的湿润度，提高授粉成功率。

b. 干粉喷授。干粉喷授的机械主要分为电动授粉器和手动授粉器，前者配有电池或直接充电即用，后者需要人工挤压气囊调节气压将花粉喷出，这些授粉器方便适用。

干粉喷授的具体方法：用纯花粉加一定比例的干燥、洁净的染色石松子粉，混合均匀，对开放的雌花柱头均匀喷撒，用专用的授粉器械喷授花粉标准用量为每公顷 500 g 的纯花粉，用量可根据花数变化。花粉与石松子粉的比例可以根据花粉质量、数量与天气情况进行调节。此种方法工作效率较高，但要注意喷授均匀，否则很容易导致果实畸形或偏小，降低商品果率；同时，不要使用与花粉密度相差较大、易吸潮的辅料，如花药、花瓣粉碎物，由于其密度小，很容易出现后半程花粉浓度过低、授粉不良的情况，而且容易吸潮导致授粉器管路堵塞，影响工作效率。喷过花粉的柱头变为红色，易于辨别未授雌花，目前干粉喷授的效果较好，效率高，只是花粉用量较大，是目前生产上使用较多的方法，干粉喷授逐渐在取代液体授粉或干粉点授。图 7-6 为人工授粉。

③液体授粉。采用一定量的无杂质蔗糖水（稀释约 250 倍）加上纯花粉，混成花粉匀液，对着开放的雌花喷授。花粉悬浮液中可以加少量的羧甲基纤维素作为分散剂，避免花粉过度沉淀。在一定范围内，花粉稀释倍数越小，授粉效果越好，果个越大，反少则果个越小，因此，建议花粉稀释倍数在 250 倍以下。具体方法是：采用机械喷雾授粉，先将不带花药壳的纯花粉 4 g、无杂质的蔗糖 10 g 兑水配制成 1.0 kg 的花粉液，当 70%～80%的雌花开放时，用雾化性能好的手持喷雾器于盛花初期喷洒。随配随用，不得超过

图 7-6　猕猴桃人工授粉

0.5 h。糖液可防止花粉在水中破裂，为增加花粉活力，可加 0.1%的硼酸。当气温低于 16 ℃时，建议不用液体授粉，避免水分散失太慢致使花粉过度吸水，从而影响花粉管发育，导致坐果不良。

（三）花期喷水

花期的气候条件直接影响坐果率，猕猴桃花粉发芽需要温度 20～25 ℃、空气相对湿度 70%～80%。若遇花期高温（30 ℃以上）干燥时，则花期缩短，柱头分泌黏液少，影响坐果。因此，在盛花期如遇高温干旱天气，用喷雾器喷清水或 2%～5%蔗糖水，可提高坐果率，有灌溉条件的可使用微喷增湿降温。

第三节　果实管理

一、疏果定果

疏果的目的是集中养分，生产出优质的果品，保障丰产稳产。猕猴桃生产中，应根据不同品种开花结果习性及土壤肥力水平、树势强弱、树龄等，合理留果，改善果实品质，提高单产效益。

谢花坐果后的 60 d 内，果实体积和重量可达到总生长量的 70%～80%。因此，坐果后尽早疏果，有利于促进果实增长，改善果实品质。参照表 5-1 确定适宜的留果量，根据树龄和树势及品种特性而定。

花后 10～15 d 开始疏果，促进细胞分裂、果实膨大。

疏果的顺序和疏花的顺序一致，应先疏除授粉不良的畸形果、扁平果、小果，其次疏除侧花果、伤残果。再根据品种特性及树势疏除多余果实，先疏除结果部位基部或先端的过多果实，最后考虑疏除过密的相邻果，以减轻小薪甲或菌核病等病虫危害，保留果梗粗壮、发育良好的正常果。健壮的长果枝留 4～5 个果，中庸结果枝留 2～3 个果，短结果枝留 1～2 个果，在 8—9 月叶果比达到（3～6）：1，留果总量为预期产量的 120%左右。

以上操作必须建立在树体结构完整、树势生长健壮的基础上。对于病、残、弱树，一般不宜留果，以恢复树势为主。图 7-7 为疏果图。

图 7-7 疏果

二、平衡果实营养

果实管理主要是为提高果实品质而采取的技术措施。果实品质包括外观品质和内在品质。外观品质，主要从果实大小、色泽、形状、洁净度、整齐度、有无机械损伤及病虫害等方面评定；内在品质以肉质粗细、风味、香气、果汁含量、固酸比和营养成分为主要评价依据。

优质果品的商品化生产中，应达到某一品种的固有标准大小，且果形端正。增大果实、端正果形，应重点根据不同品种果实发育的特点，最大限度地满足其对营养物质的需求。果实发育前期主要需要以细胞分裂活动为主的有机营养，而这些营养物质的来源多为上年树体内贮藏养分。因此，提高上年的树体贮藏营养水平，加强当年树体生长前期以氮素为主的肥料供应，对增加果实细胞分裂数目具有重要意义。

果实发育的中后期，主要是增大细胞体积和细胞间隙，对营养物质的需求则以糖类为主。因此，合理的冬剪和夏剪、维持良好的树体结构和光照条件、增加叶片的同化能力、适时适量灌溉等措施，都有利于促进果实的膨大和提高果实内在品质。

三、科学使用生长调节剂

果实的大小和形状很大程度上受本品种的遗传因素所控制，而使用生长调节剂，可使当年果实的某些性状发生较大的改变。在一些技术先进国家，利用生长调节剂改变果实的大小、形状、色泽和成熟期等，已成为果树生产中的常规技术。

对于小果类型品种，如‘徐香’‘东红’‘红阳’等，为满足市场需求，需要适量使用氯吡苯脲来促进果实膨大、增加果肉红色程度。

氯吡苯脲，又叫吡效隆、CPPU，在农药登记证明中，氯吡苯脲是一种具有细胞分裂素活性的苯脲类植物生长调节剂，能够促进猕猴桃果实膨大，提高产量，促进果实成熟。生产上通常用浓度 5~10 mg/L 氯吡苯脲，在开花后 15 d 左右浸果。

品种不同，处理效果和果实的反应也不尽相同。多数情况下，氯吡苯脲会使果实的形状发生变化，果形指数变小；有些品种果心部还可能出现空洞；果实较扁的品种在使用氯吡苯脲后会加重扁化。由于结果枝基部附近的果实较容易变形，因此对需要使用氯吡苯脲的品种，在疏果时应以基部附近的果实为重点进行疏除。

一般氯吡苯脲处理的果实果点增粗，提前成熟，但其贮藏性会降低，而且果实风味下降得较快，使用不当，还会造成落果，使用浓度越高，不利影响越大。因此，需要严格控制使用浓度，同时控制好贮藏、销售等环节，以确保效益的最大化。

目前市面上以氯吡苯脲为主原料的果实生长调节剂或营养液很多；生产上尽量用仅含氯吡苯脲成分的产品；不要用混加了其他营养成分的产品，如果使用不当很容易产生药害。有些果园为同时防控病虫害、免去再次喷洒药剂的成本，使用过程中添加一些药剂，有的甚至添加几种，导致生产上果实出现药害的情况频频发生，严重者大大降低果实商品性，直接影响种植者效益。

在具体使用过程中，由于浸果耗费人工较多，现在一些果园开始采用喷洒的方式，可以节约 2/3 以上的人工。但必须对果面喷洒均匀到位，否则很容易造成果实畸形。喷施比浸果使用药剂量增加约 3 倍，需提前准备充足药剂。喷施果实时，对接触药剂后易萌发芽苞的品种，需防止将药液喷到预留作为下年结果母枝的新梢上。

四、果实生长期管理

虽然猕猴桃从坐果至成熟外观品质变化不大，但是内在品质仍然受外界环境和栽培措施的影响而有差异。猕猴桃果实品质受到光照（光强、光质）、温度、土壤水分、树体内矿质营养水平和果实内糖分的积累和转化，以及有关酶的活性等影响。猕猴桃果实达到最佳品质的途径主要有以下几方面。

（一）改善光照

通过冬、夏季修剪，形成良好的果园群体结构，园地透光率不少于 15%，树势保持中庸健壮，新梢生长量适中，且能及时停止生长，叶幕层厚度适宜，叶内矿质元素含量达到标准值，均有利于果实干物质积累。

（二）科学施肥

增加有机肥的施入、提高土壤有机质含量，均利于果实品质提高。矿质元素与果实色泽发育密切相关，过量施用氮肥，可干扰花青苷的形成，影响果实着色，故果实发育后期不宜追施以氮素为主的肥料。而果实发育期及时补充钙肥、钾肥，有利于果实品质提高，增强果实的贮藏性。

（三）合理灌溉

果实发育前期，充足的水分有利于果实的细胞分裂和膨大。此期若遇干旱，则果实生长受阻，严重时还会出现空心或果肉木质化。若长期干旱突遇降雨，果实有时还会开裂。在果实发育后期（采前 10~20 d），保持土壤适度干燥，有利于果实淀粉的转化和糖的积累，提高贮藏性，减轻采后病害的发生。如此时过度灌溉或降雨过多，将造成果实品质降低、贮藏性下降。

（四）果实套袋

猕猴桃果面不光滑，没有蜡质层，果面易附着尘埃，加上多雨季节从树枝上、铁丝上、叶片上流下的污水在果实上留下污迹，使果实受到污染，果实外观品质差，缺乏市场竞争力。通过果实套袋可达到果面干净、减少尘埃、改善果面色泽和光洁度，还可减少果面污染和农药的残留，防止日灼，预防病虫和鸟类的危害，避免枝叶擦伤果实，又能提高果实的商品性，提高果实的市场竞争力和售价，是提高果实品质的重要技术措施之一，近年来在猕猴桃栽培中运用较多（图 7-8）。

图 7-8　果实套袋和不套袋区别

1. 套袋时间

在疏果后宜早进行果实套袋，一般于谢花后 50~60 d 内套完。对于以防治果实软腐病为目的的套袋，可提前到谢花后 35 d 开始。

2. 袋子种类

果实套袋所用纸袋，其纸质需是全木浆纸，需具有耐水性较强、耐日晒、不易变形、经风吹雨淋不易破裂等优点，大多选用单层的黄褐色袋，内外层同一个颜色，也有用白色袋。袋长约 15 cm、宽约 10 cm，上端侧面黏合处有 5 cm 长的细铁丝，果袋两角分别纵向剪 2 个 1 cm 长的通气缝。

3. 套袋前喷药

在套袋前首先要喷一次杀菌杀虫剂混合液，防治褐斑病、灰霉病和东方小薪甲、椿象类等，待药剂风干后，立即套袋。

4. 套袋技术

套袋前 1 d，将要用的纸袋口在水中蘸湿 3.3 cm 左右，使纸袋不干燥，套时好打折皱。先将纸袋口吹开或撑开，把果子放入袋中间，然后将袋口打折到果柄部位旁，用其上细铁丝轻轻扎住（图 7-9）。

图 7-9　果实套袋

5. 除袋

光照强的区域，大多是在采收时解袋。对于光照不足的区域，建议在采果前 20~30 d 解袋。除袋以后，有利于果实糖分的积累，提高果实的干物质含量。

套袋虽对提高果实品质有效，但需耗费大量人工。对于劳动力紧缺的强光照区域，也可采取架设浅色遮阳网代替套袋。遮阳网可有效防止日灼，使果面颜色一致，改善黄肉猕猴桃果肉颜色，同时也能调节果园温湿度条件，促进果实生长发育。

6. 套袋注意事项

（1）一般应从树冠内膛向外套，这样不会碰掉套好的袋子。

（2）对畸形果、扁果、有棱线果不套袋。

（3）套袋时轻套轻扎，不要碰伤果面和把铁丝扎到果柄上。

第八章　主要病虫害防治

第一节　防治原则与措施

病虫害的发生与多方面因素有关，主要包括植株的营养与树势、生长的环境气候及精细化管理等。

一、原则与措施

加强病虫测报，坚持“预防为主、综合防治”的原则，按照病虫害发生的特点，优先采用农业防治、物理防治、生物防治等绿色防控措施。

（一）农业防治

选择抗病虫品种，通过合理的栽培措施，增强树势，提高树体抗逆能力。通过剪除病虫枝、清除枯枝落叶、刮除树干裂皮、翻树盘等措施，减少病虫侵染源，控制病虫害发生。

（二）物理防治

采用人工捕杀、灯光诱杀、毒饵料诱杀、高温灭菌、嫁接换根和设施防护等措施，减少病虫害的发生。

（三）生物防治

采用天敌昆虫、害虫的致病微生物、除虫素，捕食性蜘蛛和螨类治虫；使用生物源农药、生物生长调节剂、昆虫激素、病原微生物如苏云金芽孢杆菌等防治相应的害虫。

（四）化学防治

必要时合理使用，选用高效低毒低残留农药品种，农药使用符合 GB/T 8321 规定。农药剂型宜选用水剂、水乳剂、微乳剂和水分散粒剂，严格掌握施药剂量或浓度、施药次数和安全间隔期，交替轮换使用不同作用机理的农药品种。

二、安全使用农药

（一）符合法律和法规的要求

农药使用需遵守的法律法规包括：《中华人民共和国食品安全法》《中华人民共和国农产品质量安全法》《中华人民共和国计量法》《中华人民共和国标准化法》《农药管理条例》《农药管理条例实施办法》等。为保证施药人员的健康和安全，还需遵守《农药安全使用规定》，注意安全施药，防止药液接触皮肤和进入体内。施药严格掌握浓度，避免中午高温和风大时施药，施药后应及时用肥皂清洗手部及暴露部位。

（二）符合标准的要求

农药使用需按照标准的要求，包括农药使用标准、农药使用准则以及相关的产品标准、产品生产规程、环境标准和农药的限量标准等。

（三）符合标签的要求

农药使用除符合标签的使用说明，应阅读农药商品标签相关信息后按规定使用。

（四）符合作物生长要求

根据种植作物的实际情况对症选择允许使用和有针对性的农药品种、剂型、施用方法；操作时喷雾应均匀，雾点细，叶面叶背需全部覆盖；采取合理的使用剂量或浓度、兑水量、施药间隔期、安全间隔期等，不超剂量、超范围盲目用药；掌握最佳施药时期和时间段进行施药。当几种病害或虫害同时发生时，选择兼治的广谱农药，并轮换交替使用。

第二节　猕猴桃主要病害

一、溃疡病

（一）症状（图 8-1）

该病害主要危害树干、枝条、嫩梢、叶片及花等部位。主要在春季温度回升时发病，11 月至次年 4 月或 5 月为易感期。6—8 月受高温抑制，病害潜伏，不再发展。树干或枝条受害时，病部皮层组织变软隆起、龟裂，并从伤口、皮孔、芽眼、叶痕、树枝分杈处等部溢出乳白色黏液，后转为黄褐色或锈红色，剥开皮层可见病组织呈溃疡状腐烂，影响果树养分的传递，易导致树体死亡。嫩枝感病后其上子叶焦枯、卷曲，花蕾萎蔫，不能张开，花瓣变褐色。叶片发病后先形成褪绿色小点，外围可见不明显的黄色晕圈，后形成不规则褐色病斑，有的有明显黄色晕圈，受害叶会提前早落。

图 8-1 叶溃疡

（二）发病因素

（1）病害的发生与气候有密切关系，低温和冻害容易导致病害发生，降水量越大或气温差越大，越容易发病。

（2）猕猴桃栽培品种间抗病性差异很大，一般美味猕猴桃品种的抗性强于四倍体的中华猕猴桃品种，四倍体的中华猕猴桃品种强于二倍体的中华猕猴桃品种。如美味猕猴桃品种‘徐香’‘金魁’‘海沃德’‘米良 1 号’等抗病性非常强，特别是‘金魁’，中华猕猴桃四倍体品种‘翠玉’‘金桃’‘金梅’抗性较强，而毛花猕猴桃与中华猕猴桃杂交培育的一代或二代四倍体品种‘金艳’‘金圆’等抗性中等。中华猕猴桃二倍体品种以‘东红’‘楚红’‘金农’等抗性较强，其他抗性较弱，‘红阳’

'Hort16A' 最易感染。因此，发病重灾区要慎重发展易感病的中华猕猴桃品种。

(3) 溃疡病的发生与树体的营养状况和树势有关，如受到过冻害、水涝、过量施氮肥、缺营养元素等导致的生长不良；留果量超负荷、除草剂使用过量等使树势受损，容易导致病害发生。

（三）防治

切断传播途径、清除病株、加强管理，增强植株抗病力。

(1) 严格检疫。不准病区种苗、接穗及果实进入未发病区。开展种苗检疫，种植健康苗种。

(2) 嫁接防病。利用本地砧木，选用无病接穗和苗木进行嫁接。

(3) 冬季剪除病枝，清除菌源，并防止冻害。避免过度修剪从而减少伤口量，保证枝梢健壮长势，修剪工具做到每修剪 1 株就消 1 次毒。

(4) 春季萌芽前，喷射 1 次 3~5 波美度的石硫合剂或 0.8%石灰等量式波尔多液。定期巡查果园，及时发现并清除传染源。

(5) 注意果园排水，加强果园土肥水的管理，增施有机肥料，避免偏施氮肥，提高抗病力。

(6) 注意农事操作时，尽量减少踩踏畦面。

(7) 合理整形修剪，适量负载，维持健壮的树势，增强树体的抗病性和抗逆性，减轻病害的发生。

发病初期喷洒 80%乙蒜素乳油 1 000~1 200倍液，或新植霉素（链霉素和土霉素混合剂）可湿性粉剂 2 000~3 000倍液，或 33%噻菌铜悬浮剂或 20%喹啉铜悬浮剂或 50%春雷霉素（加瑞农）可湿性粉剂 500~700 倍液，或 70%可杀得可湿性粉剂 500~700 倍液，7 天喷药 1 次，连续喷药 3~4 次。

防治溃疡病的农药，主要有石硫合剂、噻霉酮、四霉素、春雷霉素、喹啉・戊唑醇、春雷・噻霉酮、中生菌素等。

冬剪后及时喷施 3~5 波美度的石硫合剂，整株喷施，重点喷施主枝、枝条及剪锯伤口。

发芽之前全园喷施 3~5 波美度的石硫合剂或螯合铜制剂。1.5%噻霉酮水乳剂 600~800 倍液、0.15%四霉素水剂 800 倍液、4%春雷霉素水剂 600~1 000倍液、36%喹啉・戊唑醇 1 500~2 000倍液、8%春雷・噻霉酮水分散粒剂 1500 倍液、3%中生菌素水剂 800 倍液等。为避免田间病原菌产生耐药性，建议轮换用药。

二、花腐病

（一）症状

花萼变褐，花丝变色腐烂，花蕾僵化或脱落，或花蕾不能完全开放（图 8-2）。开花后花蕾结果不正常，果肉变黑褐色。受害果实多在花后一周内脱落，果实不能正常后熟，萎蔫或果心变硬。

图 8-2　花腐病

（二）发病因素

主要由细菌性的绿黄假单胞菌及丁香假单胞菌引起，也有的由真菌性的灰霉菌引起。病原菌在树体叶芽、花芽和土壤中的病残体上残留，早春随风雨、昆虫、农事活动在果园中传播。

病害的发生与气候有关，花期天气连续阴雨，低温促使发病率升高，种植密度大，枝条过密，不通风的果园发病较高。另外，还与果园通风透光性和肥水管理有关。

（三）防治

（1）冬季认真清园、去除果园内杂草，落叶、落果以及病虫枝、干枯枝等残枝清理至园外；花期定期巡查果园，及时摘除病蕾、病花等并运至园外处理；选用无病花粉授粉；防止病原传播。

（2）加强园地肥水的管理，使果树健壮，提高抗病力。保证果园排水通畅、改善花蕾部通风透光条件，保持适宜的湿度，降低发病率。

（3）芽萌动前喷施 1.5 波美度石硫合剂。萌芽至花蕾期、花蕾露白期、初花期各喷一次药剂防治，药剂可选用噻菌铜、氢氧化铜、多抗霉素、春雷霉素（加瑞农）或噻霉酮等。

三、灰霉病

（一）症状

猕猴桃灰霉病发病初期，叶片边缘出现暗褐色烫伤状病斑，慢慢向内部蔓延，之后叶片背面出现灰白毛，严重时落叶或整个枝条坏死。发病初期若出现连续几天的高温干旱天气则病症停止，病斑干枯（图 8-3）。

图 8-3　灰霉病

灰霉病病原感染果实主要由果蒂伤口侵入，在果蒂处出现水渍状病斑，然后病斑均匀向下扩展，果肉由果蒂处向下腐烂，蔓延全果，略有透明感，病部果皮上长出一层不均匀的绒毛状灰白霉菌，后变为灰色。

（二）发病因素

灰霉病的发生与空气的湿度、降水量有密切关系。病菌主要存留在病残果树枝条、枝干上或土壤中，随着气流、水和园地管理传播。

每年花期前后若多雨高湿，则叶片、嫩枝、幼果灰霉病的发病率提高。随着秋季降雨增加，灰霉病病情加重。在采收、分级、包装及搬运过程中如果实产生伤口，则易感染腐烂。

（三）防治

（1）规范种植、起垄，保持适当的种植密度。

（2）及时清除病残体，雨后及时排水、科学修剪，整理藤蔓，保持架面良好通风透光。

（3）加强水肥管理，控氮增磷、钾，降低果园湿度，提高植株抗病性。

（4）在花期前后关注气象信息，长时间阴雨天气，盛花末期用 50%多菌灵可湿性粉剂 800 倍液、75%百菌清可湿性粉剂 600 倍液、50%异菌脲可湿性粉剂 800 倍液、70%代森锰锌可湿性粉剂 600~800 倍液每隔 7~10 d 喷施 1 次，注意轮换用药。

（5）花期防治灰霉病的农药。主要有代森锰锌（喷富露、喷克、大生富）、异菌脲（扑海因）、50%百菌清+甲基硫菌灵（鸽哈）、腐霉利（速克灵）、嘧霉胺（施佳乐）、乙烯菌核利（农利灵）、多抗霉素（宝丽安）等。

（6）开花至套袋做好预防，防止早采。及时修剪，清沟排水，增加通风透光，降低田间湿度。

（7）开花期和采收前各喷 1 次倍量式波尔多液或 70%代森锰锌可湿性粉剂 500 倍液。防治的农药主要有代森锌、代森锰锌、多菌灵、甲基硫菌灵、噻菌灵（特克多）等。

四、褐斑病

（一）症状

初期在叶正面出现褐绿色小点或边缘出现水渍状斑点，后期随气温升高逐步扩展到近圆形至不规则形的病斑，外沿深褐色，中部浅色，后期叶缘呈黄褐色卷曲状，类似日灼病症，部分病叶干枯死亡（图 8-4），结果枝被侵染后，容易导致落果。

图 8-4　褐斑病

（二）发病因素

病原菌残留在果枝，借助风雨的传播得病，高温、高湿、通风透光不良是导致果园发病的主要原因。

（三）防治

冬季彻底清园，用 3~5 波美度的石硫合剂喷雾，病枝病叶要集中烧毁，减少来年病原基数。施足基肥，避免偏施氮肥，增施磷、钾肥，适量施用硼肥。注意架面要通风透光。

发病初期喷施 70% 甲基硫菌灵 1 000倍液或 80% 代森锰锌（大生 M-45）可湿性粉剂 1 000倍液。每隔 7~14 d 喷施 1 次，连喷 3 次。

防治的农药主要有甲基硫菌灵、氟菌・肟菌酯、唑醚・喹啉铜、唑醚・氟酰胺、苯甲・丙环唑、己唑醇等。

五、炭疽病

（一）症状

叶片上呈现不规则病斑，初期呈水渍状，后变为褐色，边缘病斑呈半圆形，边界明显，后期病斑中央呈灰白色，边缘深褐色，背面出现许多小黑点，边缘多个病斑合在一起，致叶缘焦枯、卷曲，干枯变脆。

（二）发病因素

炭疽病易在高温、高湿、多雨条件下发生，因此排水、通风、种植密度和树势情况，是造成发病的主要因素。树势越强越不易发病。

（三）防治

冬季清园，加强水肥管理，重施有机肥，合理负载，科学修剪，维持良好的通风条件。

萌芽前全园喷施 1 次 5 波美度的石硫合剂，谢花后和套袋前各施药 1 次。

可用25%扑菌唑（咪鲜胺乳油）800~1 500倍液、25%吡唑醚菌酯乳油 2 000倍液、25%嘧菌酯悬浮剂 1 000~1 500倍液、50%多菌灵 600 倍液或 70%甲基硫菌灵 800~1 000倍液防治。

防治炭疽病的农药。主要有代森锌、代森锰锌（大生 M-45、猛杀生、喷富露、大生富）、异菌脲、多菌灵、敌菌灵、丙环唑（金力士）、咪鲜胺锰盐（施保功）、克菌丹、鸽哈（50%百菌清+甲基硫菌灵）、甲基硫菌灵（纳米欣）、咪鲜胺（使百克）、甲基硫菌灵、苯醚甲环唑（世高）等。

六、果实软腐病

（一）症状

主要在果实采后成熟过程中发生。发病初期，果实外表无明显症状，随着病情发展，发病部位表皮逐渐变软，出现类似拇指压痕斑。剥开凹陷部分的表皮可发现中心果肉呈乳白色，周围果肉呈黄绿色水渍状，或有空洞（图 8-5）。

在贮藏条件下，由于低温对菌丝生长有抑制作用，一般贮藏 1~2 个月时才开始表现出腐烂症状。贮藏 3 个月以上没有发病的果实，尽管有可能遭到侵染，但一般就不会再发病了。受蒂腐病危害的果实，贮藏期烂果率可达 20%~40%。

（二）发病因素

残留在枝条上的病菌在花期时侵染花蕾，幼果形成时由花蕾转移至幼果，潜伏果实表皮下，严重时采摘前就会发病导致落果，轻微时在果实采摘后表现出腐烂症状。病原菌也可以从果面伤口侵染。

（三）防治

（1）冬季清园，清扫落叶落果，加强果园管理，重施基肥，及时追肥，

图 8-5　软腐病

增强树势。在花蕾期至套袋前进行防治，尽可能减少病原菌侵染花蕾及幼果，并减少果实表面机械伤。

（2）加强田间管理，维持果园合理种植密度，科学修剪，保持通风透光，降低园内湿度。多施有机肥，不偏施氮肥，增施磷肥、钾肥，及时补充硼、铁等微量元素。采收、运输中避免果实碰伤，减少机械伤。

（3）科学进行化学防治。冬季清园之后，全园（树体及地面）喷洒 3~5 波美度石硫合剂一次，清除越冬病源。

从萌芽到盛花期间喷施两次杀菌剂，展叶期一次，露瓣期一次，可选用代森铵、噻菌铜、春雷霉素（加瑞农）、苯菌灵、异菌脲、甲基硫菌灵等药剂。花后立即喷施一次杀菌剂，可选用嘧菌酯、苯醚甲环唑、肟菌酯、氟硅唑、噻霉酮等。之后，每隔 7~10 d 喷施一次直至套袋（坐果后 35 d 左右）。

套袋后至采果前 20 d 内喷施 2~3 次，采果前 20 d 内不再喷药。采果后喷施一次波尔多液或氧化亚铜。

七、黑斑病

（一）症状

叶片感染后，背面形成灰黑色小霉斑，严重时有多个小病斑，后期连成大片，呈灰色、暗灰色，随后逐渐变黄褐色或褐色坏死斑。树枝表皮感染后，表皮坏死组织上产生黑色小霉点或灰色霉层。果实受害后，果实表面出现灰色或黑色绒毛状小霉斑，并逐渐扩大，果肉变软发酸，直至腐烂（图 8-6）。

图 8-6　黑斑病

（二）发病因素

病原孢子冬季在土壤中残存，随风雨传播，随着秋季降雨增加，病情加重，危害果实。若果实在采收、分级、包装及搬运过程中产生伤口，以及果蒂伤口极易受感染。

（三）防治

冬季清园，结合修剪，彻底清除枯枝落叶，剪除病枝，消灭引起侵染性病害的病原。施足基肥，增强树势，提高免疫力。

春季萌芽前喷施 3~5 波美度的石硫合剂。幼果期套袋前，施用 70% 甲基硫菌灵可湿性粉剂 1 000倍液、25%嘧菌酯悬浮剂 2 000倍液或 10%苯醚甲环唑水分散颗粒剂 1 500~2 000倍液。

八、根腐病

（一）症状

根尖开始感染，蔓延到主侧根，地上部分生长衰弱，萌芽迟，叶片小，枝蔓顶端枯死；从根颈开始发病，出现环状腐烂。初为水渍状，逐渐发展成为褐色、条形或梭形病斑，有酒糟味，产生白色霉状物，后期根系变黑腐烂（图 8-7）。

图 8-7　根腐病

（二）发病因素

栽植不当，根颈埋得过深，土壤透气性差，感染病菌引起。

（三）防治

种植无病毒苗，对苗木进行浸根，栽前用 10% 的硫酸铜溶液或 20% 石灰水、70% 甲基硫菌灵可湿性粉剂 500 倍浸泡 1 h 后再栽。

加强田间管理。雨季做好开沟排水的工作，定植不宜过深，施肥要施腐熟的有机肥。易积水的地势建园，定植时可选择起垄栽植。在灌溉时尽量避免大水漫灌和串灌，果园翻耕时可进行喷药防治。

发现病株及时连根清除，远离果园烧毁，用 5 波美度石硫合剂或生石灰消毒，也可用五氯酚钠 150 倍液消毒，或换土补栽。同时消灭地下害虫如蛴螬等的防治。

树盘施药在 3 月和 6 月中下旬，用 60% 代森锌 0.5 kg 加水 200 kg 灌根。防治腐霉菌引起的根腐病选用 58% 甲霜灵 · 锰锌可湿性粉剂 500 倍液灌根。翻耕时可选用 40% 安民乐（毒死蜱）乳油 400～500 倍液进行土壤处理。

防治根腐病的农药主要有络氨铜、菌立灭、代森铵、菌毒清、金力士等。

第三节 猕猴桃虫害

猕猴桃的主要害虫有金龟甲类、介壳虫类、叶蝉类、吸果夜蛾类、透翅蛾和根结线虫等。

一、金龟甲类

金龟甲幼虫（蛴螬）主要啃食猕猴桃嫩根和幼苗根茎部，造成植株发育不良。成虫啃食幼芽、嫩叶、花蕾等，严重时可将叶片啃食至只剩叶脉。

防治时期，秋末冬初结合施基肥，深翻果园，以消灭幼虫。农家肥充分腐熟后使用，减少幼虫来源，经常清除果园周围的杂草，以破坏成虫产卵的生活环境。在4月出土，5—7月可用黑光灯或频振式杀虫灯诱杀，或在早晨或傍晚敲树振虫，将振落树下的金龟甲集中消灭。糖醋液加敌百虫诱杀。20%氰戊菊酯乳油3 000倍液或50%速灭威乳油500倍液喷雾防治。

二、介壳虫类

介壳虫主要以雌性成虫、若虫危害树体（图8-8），群集附着在植株的

图8-8 介壳虫

树干、枝条、叶片和果实上刺吸组织汁液，严重时在枝蔓表面形成凹凸不平的介壳层，叶片发黄、枝梢干枯、树势衰弱。

果树休眠期，冬季修剪时，剪除带虫枝条，刮除老翘皮，并清理出园烧毁，减少虫源。严格进行苗木检疫。及时清除有虫苗木。在大棚内种植或遇暖冬，需在3月底至4月初开始防治，其他介壳虫防治时机及防治药剂见表8-1。

表8-1　介壳虫防治时机及药剂

名称	防治适期	防治药剂
介壳虫	a. 全年可进行物理防治 b. 5月中下旬 c. 7月上旬 d. 9月上旬	25%吡虫啉可湿性粉剂5 000～6 000倍液或22.4%螺虫乙酯悬浮剂4 000～5 000倍液

三、叶蝉类

叶蝉（图8-9）以成虫和若虫刺吸新梢、叶片、花蕾和幼果的汁液，受害部分出现苍白斑点。成虫产卵于枝条皮层中，受害部产生“半月牙”形疱疹状突起。防治时间为4月上旬卵孵化期；5—6月上旬和7—8月上旬成虫盛发期。初冬、早春清理果园的落叶、病残枝条，刮除卵块烧毁，清除果园杂草。在成虫盛发期可用频振式杀虫灯诱杀。在7—8月盛发期用2.5%

图8-9　叶蝉

的绿色功夫乳油（三氟氯氰菊酯），或2.5%的溴氰菊酯乳油3 000倍液，或25%噻嗪酮可湿粉剂1 000～1 500倍液喷雾防治。

四、吸果夜蛾类

吸果夜蛾（图8-10）分散在广阔的山区杂草和灌木之间，飞行能力强，白天潜伏，不易被发现。在果实成熟期，成虫吸食果汁，使果肉失水呈海绵状，初期难以发现，约7 d后，果皮变黄、凹陷软腐，逐渐扩大呈块，造成落果或整果腐烂。

图8-10 吸果夜蛾

9月开始使用黑光灯或糖醋液诱杀成虫。当发现有大量成虫后10～15 d，每隔3～5 d对果园周围的树木、杂草，特别是木防己和汉防己等植物叶面喷施灭幼脲或甲氰菌酯等菊酯类农药。

五、透翅蛾

透翅蛾喜在白天飞翔，夜间静息。尤其晴天中午常在花丛间活动，取食花蜜。其幼虫（图8-11）是钻蛀性害虫，喜在树木枝干内蛀食木质髓部，引起树液向外溢出。受害后往往内部被蛀食一空，树势衰退，枯干致死。

图 8-11 透翅蛾幼虫

5—7 月，若虫孵化盛期用 25%噻嗪酮可湿粉剂 1 000~1 500倍液或用 22%氟啶虫胺腈悬浮剂。在羽化盛期用性诱剂诱杀雄虫，每亩挂 5~6 个诱捕器，可有效地降低透翅蛾的危害。

六、根结线虫

（一）症状

植株根上出现细小肿胀或小瘤逐渐变大，初期呈白色，后变为浅褐色、深褐色直至黑褐色。苗期植株矮小、新梢短而细。成树呈现树势弱，叶片黄化易脱落，结果少、小、僵化，有的整株萎蔫死亡。

（二）发病因素

从土壤或植株感染根结线虫。

（三）防治

严禁从病区调运苗木，加强肥水管理，间作抗根结线虫的植物或选用抗病的砧木。多施有机肥，选用抗线虫的砧木。园内种绿肥选用毛苕子或其他豆科植物，不种红、白三叶草。育苗基地采用水旱轮作育苗对防治感染根结线虫有很好的效果。

（1）病轻株剪掉病根，放入 44~48 ℃温水中浸泡 5 min，或用 0.1%有效成分的路富达（氟吡菌酰胺）水溶液浸根 1 h，可有效杀死根结线虫。

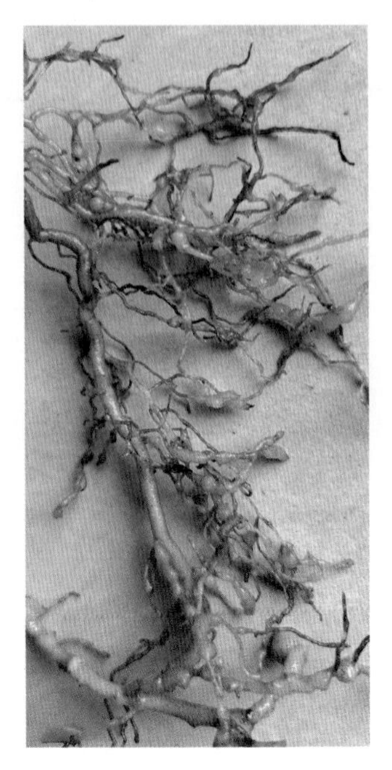

图 8-12　根结线虫病

（2）病重株淘汰并集中烧毁，对土壤进行消毒处理。

（3）用路富达或 1.8%阿维菌素（680 g/亩）兑水 200 kg，浇施于耕作层（15~20 cm）。

（4）路富达颗粒剂撒施、沟施或穴施，6~7 kg/亩，药液将渗入并停留于 0~20 cm 土层内，药效期长达 2~3 个月。

第四节　猕猴桃病虫害防治周年历

猕猴桃种植过程中防治对象和推荐用药见表 8-2。

表 8-2　猕猴桃病虫害防治周年历

序号	时间	防治对象	推荐用药
1	冬剪后、采果后、落叶后、萌芽前（12 月至翌年 1 月）	溃疡病	石硫合剂、噻菌铜、噻霉酮、四霉素、春雷霉素、喹啉·戊唑醇、春雷·噻霉酮、中生菌素
		介壳虫	联苯菊酯、啶虫脒、噻虫嗪

（续表）

序号	时间	防治对象	推荐用药
2	萌芽前（2月）	花腐病	石硫合剂、代森锰锌（大生富、保加新、大丰、大生M-45）、异菌脲（扑海因）、多抗霉素、春雷霉素、中生菌素
		软腐病	苯甲·咪鲜胺、异菌脲、噻菌灵（特克多）
		褐斑病	石硫合剂、嘧菌酯、代森锰锌（大生M-45、猛杀生、喷富露、大生富）、异菌脲（扑海因）、多菌灵、丙环唑（金力士）、苯醚甲环唑（世高）、戊唑醇
		黑斑病	石硫合剂、腈菌唑、吡唑醚菌酯·戊唑醇、咪鲜胺
		溃疡病	石硫合剂、噻菌铜、噻霉酮、四霉素、春雷霉素、喹啉·戊唑醇、春雷·噻霉酮、中生菌素
3	萌芽期（2—3月）	花腐病	石硫合剂、代森锰锌（大生富、保加新、大丰、大生M-45）、异菌脲（扑海因）、多抗霉素、春雷霉素、中生菌素
		溃疡病	石硫合剂、噻菌铜、噻霉酮、四霉素、春雷霉素、喹啉·戊唑醇、春雷·噻霉酮、中生菌素
4	展叶及开花期（3—4月）	灰霉病	石硫合剂、嘧霉胺（施佳乐）、异菌脲（扑海因）、抑霉唑硫酸盐、腐霉利（速克灵）、唑醚·啶酰菌（凯津）、唑醚·氟酰胺（健达）、多抗霉素、啶酰菌胺（凯泽）、甲胺基阿维菌素苯甲酸盐、阿维菌素、吡唑醚菌酯（百泰、凯润）、咯菌腈（卉友）、氟菌·肟菌酯（露娜森）
		蒂腐病	代森锌、代森锰锌、多菌灵、甲基硫菌灵、噻菌灵（特克多）
		花腐病	石硫合剂、代森锰锌（大生富、保加新、大丰、大生M-45）、异菌脲（扑海因）、多抗霉素、春雷霉素、中生菌素
		褐斑病	石硫合剂、嘧菌酯、代森锰锌（大生M-45、猛杀生、喷富露、大生富）、异菌脲（扑海因）、多菌灵、金力士（丙环唑）、苯醚甲环唑（世高）、戊唑醇
		根腐病	代森锌、甲霜灵·锰锌、噁霉灵、四霉素、二氯异氰尿酸钠、甲霜恶霉灵、甲霜灵·锰锌
		金龟甲	氰戊菊酯、辛硫磷
		叶蝉	阿维菌素、吡虫啉、啶虫脒
		叶螨	哒螨灵、四螨嗪、联苯菊酯、阿维菌素

（续表）

序号	时间	防治对象	推荐用药
5	坐果期、幼果期、果实迅速膨大期（4—6月）	黑斑病	石硫合剂、腈菌唑、吡唑醚菌酯·戊唑醇、咪鲜胺
		灰霉病	石硫合剂、嘧霉胺（施佳乐）、异菌脲（扑海因）、抑霉唑硫酸盐、腐霉利（速克灵）、唑醚·啶酰菌（凯津）、唑醚·氟酰胺（健达）、多抗霉素、啶酰菌胺（凯泽）、甲氨基阿维菌素苯甲酸盐、阿维菌素、吡唑醚菌酯（百泰、凯润）、咯菌腈（卉友）、氟菌·肟菌酯（露娜森）
		炭疽病	苯甲·嘧菌酯（阿米妙收）、嘧菌酯（阿米西达）
		金龟甲	氰戊菊酯、辛硫磷
		介壳虫	联苯菊酯、啶虫脒、噻虫嗪
		叶蝉	阿维菌素、吡虫啉、啶虫脒
		叶螨	哒螨灵、四螨嗪、联苯菊酯、阿维菌素
		透翅蛾	溴氰菊酯、杀灭菊酯、阿维菌素（虫螨光）、氟虫脲（卡死克）
		红蜘蛛	毒死蜱、高效氯氟氰菊酯
6	果实缓慢生长期（7月）	炭疽病	苯醚甲环唑、波尔多液、吡唑醚菌酯（凯润、百泰）、溴菌腈、嘧菌酯、代森锌、福美双·福美锌
		灰霉病	石硫合剂、嘧霉胺（施佳乐）、异菌脲（扑海因）、抑霉唑硫酸盐、腐霉利（速克灵）、唑醚·啶酰菌（凯津）、唑醚·氟酰胺（健达）、多抗霉素、啶酰菌胺（凯泽）、甲胺基阿维菌素苯甲酸盐、阿维菌素、吡唑醚菌酯（百泰、凯润）、咯菌腈（卉友）、氟菌·肟菌酯（露娜森）
		根腐病	代森锌、甲霜灵·锰锌、噁霉灵、四霉素、二氯异氰尿酸钠、甲霜恶霉灵、甲霜灵·锰锌
		褐斑病	石硫合剂、嘧菌酯、代森锰锌（大生M-45、猛杀生、喷富露、大生富）、异菌脲、多菌灵、丙环唑（金力士）、吡唑醚菌酯（凯润、百泰）、苯醚甲环唑（世高）、戊唑醇
		金龟甲	氰戊菊酯、辛硫磷
		透翅蛾	溴氰菊酯、杀灭菊酯、虫螨光（阿维菌素乳油）、氟虫脲（卡死克）

（续表）

序号	时间	防治对象	推荐用药
7	品质形成期（8—9月）	蒂腐病	代森锌、代森锰锌、多菌灵、甲基硫菌灵、噻菌灵（特克多）
		黑斑病	石硫合剂、腈菌唑、吡唑醚菌酯·戊唑醇、咪鲜胺
		灰霉病	石硫合剂、嘧霉胺（施佳乐）、异菌脲（扑海因）、抑霉唑硫酸盐、腐霉利（速克灵）、唑醚·啶酰菌（凯津）、唑醚·氟酰胺（健达）、多抗霉素、啶酰菌胺（凯泽）、甲胺基阿维菌素苯甲酸盐、阿维菌素、吡唑醚菌酯（百泰、凯润）、咯菌腈（卉友）
		金龟甲	氰戊菊酯、辛硫磷
8	采收期（9—10月）	吸果夜蛾	8%糖和1%醋的水溶液加0.2%氟化钠配成的诱杀液挂瓶诱杀、黄色荧光灯
		溃疡病	石硫合剂、噻菌铜、噻霉酮、四霉素、春雷霉素、喹啉·戊唑醇、春雷·噻霉酮、中生菌素
9	养分积累期、休眠期（10—11月）	吸果夜蛾	8%糖和1%醋的水溶液加0.2%氟化钠配成的诱杀液挂瓶诱杀、黄色荧光灯
		介壳虫	联苯菊酯、啶虫脒、噻虫嗪
10	落叶期和休眠期（12月）	溃疡病	石硫合剂、噻菌铜、噻霉酮、四霉素、春雷霉素、喹啉·戊唑醇、春雷·噻霉酮、中生菌素
		介壳虫	联苯菊酯、啶虫脒、噻虫嗪

第五节　猕猴桃缺素症及防治措施

猕猴桃是多年生植物，如果土壤中营养元素缺少会导致缺素症，猕猴桃缺素症及防治方法见表8-3。

表8-3　猕猴桃缺素症及防治

缺少元素	病状图示	症状	防治方法
氮		因土壤缺氮叶片从深绿变为浅绿，严重缺氮的叶片均匀黄化。	建园改土时施足基肥，每年秋施基肥时，补充氮肥。注意氮、磷、钾肥的配合使用。

（续表）

缺少元素	病状图示	症状	防治方法
磷		叶片变小，严重时老叶出现叶脉间失绿，叶片呈紫红色，基部色变深。 根系只能吸收到距离较近的可溶性磷，磷易与铁、铝元素结合。其在碱性土壤中与钙结合。	建园改土时每亩混入300 kg过磷酸钙。生长季节少量多次补充磷酸二氢钾等速效肥，或叶面喷施0.1%～0.3%磷酸二氢钾。秋季使用基肥中加入过磷酸钙、钙镁磷肥。
钾		阻断芽的生长，叶片变小，变青白色，老叶边缘轻微的枯黄。逐渐老叶边缘向上卷起，类似缺水症。如果没有及时补充钾肥，出现焦枯状，提早落叶。因修剪、采果流失，土壤中钾不足或施入过量的钙和镁元素，互相拮抗导致。果园漫灌流失。	施用钾肥。生长期3个月内，施用氯化钾4次，每亩6～7 kg，不能过量，否则会影响根系对钙镁离子的吸收。进行生草覆盖的园区需要加大施钾量。
铁	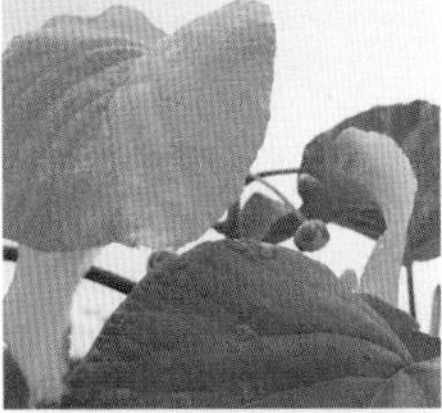   	刚抽芽的嫩梢叶片，呈鲜黄色，叶脉两侧绿色脉带。土壤缺铁，或土壤中石灰（钙质）或锰过多，与铁结合成不溶性化合物。因土壤滞水根系吸收能力不高。土壤pH值过高。	使用硫黄粉、硫酸铝和硫酸铵，将离子从三价转化为二价。 冬季修剪后，用25%硫酸亚铁+25%柠檬酸混合涂抹枝蔓。土施或叶面喷施。

（续表）

缺少元素	病状图示	症状	防治方法
镁		基部老叶在叶脉间褪绿，后期出现黄化斑点，叶片不早落。土壤有机质不高，可溶性镁不足。在酸性土中易流失。	叶面喷施1%～2%硫酸镁溶液，隔20～30 d喷1次，连喷3~4次。 基肥中加入镁肥。
锌		老叶脉变为暗绿色，严重时叶片变小簇生。偏碱地。土壤中磷元素过多或使用过早。	将锌肥混入有机肥，提高土壤肥力。根外喷施0.3%硫酸锌或氯化锌。
钙		多表现在成熟叶片上，嫩叶随后出现症状，叶的基部叶脉出现坏死并变黑，坏死部分扩散到健康叶脉，干枯后出现落叶。土壤中钾肥过多。酸性土壤容易导致钙的流失。水分不足，影响根系的吸收。	酸性土壤，施用石灰；碱性土壤，使用过磷酸钙。在果实膨大期，叶面喷施钙微肥，每隔10 d喷1次，连喷2~4次。
硼		新叶上出现小的不规则黄色组织，边缘保持绿色。枝蔓变粗或树干畸形扭曲。沙质土少有机物、少硼。	合理增施磷肥和有机肥，干旱时及时浇水，保持土壤高磷中硼，堆制有机肥时每吨加入硼酸1～2 kg。采果后施用的有机肥中加入适量硼肥。叶片喷施0.1%硼砂溶液。

第九章　自然灾害预防

强风、暴雨、夏季热干风、大幅降温、倒春寒等均为危害猕猴桃生产的自然灾害。在建园选址的时候，应考虑尽量避免容易发生这些灾害的区域。

一、冻害、霜冻和冷害

（一）影响

冻害是指猕猴桃树在越冬期间，在极端低温的条件下，造成枝干冰冻受害的现象。霜冻害是指果树在生长期夜间土壤和植株表面温度短时降至 0 ℃以下，引起幼嫩部分遭受伤害现象，是短时间低温而引起的植物组织结冰的危害。冷害指在猕猴桃的萌芽、开花期经常遇到倒春寒，直接影响花的形态分化，花粉停止生长、授粉不良，嫩叶萎蔫，严重时导致死亡。

（二）防护措施

（1）建园时科学选址，根据当地冬季的低温情况，不宜选择低洼地，冷空气易聚集，常造成冻害、霜冻害的地区。

（2）在天气预报有大幅降温时，可以采取以下措施预防。

①早春灌溉或喷水，如有寒流可以提前灌水，或萌芽期晚霜冻到来，可在夜里 0：00—1：00 开始喷水，抑制根系活动，延迟萌芽。冬季灌水，在土壤封冻前，全园灌水 1 次，

②在深秋用稻草、麦秸等包裹树干，特别要将树的根颈部包严实。对树干进行涂白，尽量涂抹至主蔓分叉口附近，注意涂之前，应仔细检查树干，是否有病虫害，需进行处理后涂白以免污染扩散。另外，培土也可以有效防止冻害的发生。

（3）冻后应抓紧时间采取相应的应急处理措施，同时加强冻后田间管理，剪去冻伤、冻死枝叶，根据冻伤程度及时减少花果量和枝叶量；立即全园消毒杀菌，茎蔓喷涂植物生长素；少量多次施肥灌溉，尽快恢复树势，如

叶面喷施营养肥、稀土微肥等刺激萌发新叶；根部培土、增加速效氮肥，结合施肥灌水，催发新梢。

二、涝害

（一）影响

猕猴桃为肉质根系，生长过程中需要充足的氧气，根系土壤需保持适度干燥，否则，排水不良会抑制根系的呼吸作用，不能正常吸收养分和水分，进一步造成无氧呼吸而产生酒精，从而引发根腐病。暴雨和连续降雨会引起根系呼吸不畅造成涝害。

（二）防护措施

（1）建园时科学选址，选择地势较高的区域，园地的地下水位在涝季至少应保持在1.0 m以下。并做好排水设施。

（2）雨季排水。梅雨季节或暴雨前，及时修整沟渠、疏通畦沟，保持排水通畅。沿行向给树盘培土成高垄，保证沟沟相通。遇到强降雨，应根据地形开临时排水沟或用水泵抽水，加大排水力度，果园积水不能超过24 h。

（3）积水排除后，需要及时松土，增加土壤的通气性，对新梢嫩段进行摘心，适当修剪新梢及树梢或疏花疏果，以减少树体蒸发。

（4）在根系未恢复前，通过叶片吸收营养，应多喷叶面肥，等根系恢复吸收功能后，在根系土壤附近少量多次土施速效肥，逐渐增强树势，并预防根腐病。

三、旱害

（一）影响

猕猴桃根系分布浅，夏季枝叶的蒸腾量大，容易缺水，造成新梢、叶片、果实萎蔫，表面发生日灼，叶缘干枯反卷，逐渐黄化、焦枯，严重时脱落。当发现徒长枝嫩叶有萎蔫下垂状时，就需要及时补水，否则会产生不可逆转的干旱危害。

（二）防护措施

（1）果园配备灌溉设施。

（2）在盛夏干旱期，通过园行间种草，与株间覆盖，可以降低地表温度。旱季地面覆盖可有效减少地面蒸发，增加保水功能，保持果园土壤的含水量，促进植株健壮。可种植三叶草、黑麦草、百喜草等，可用地布、秸秆、稻壳等覆盖。

四、大风

（一）影响

大风会造成猕猴桃的嫩枝折断、叶片掉落破碎、果实摩擦碰撞，在果面造成伤疤或脱落。受害严重的果园出现支架倒塌、整片果树倒伏等情况。

（二）防护措施

（1）选址时需要预先考虑，按要求种植防风林。

（2）果实套袋。

（3）根据季节性风向搭建防风屏障，增强防风效果。

（4）夏季热干风来前，补充水分，对果园进行喷水，保持良好的灌溉。可在树上挂鲜草进行遮阴和保持湿度。

五、高温高热

（一）影响

夏季高温、强日照对叶片、果实，特别是幼年果园造成较大的影响。当气温达到35 ℃以上时，暴露在阳光下的果实很容易产生日灼危害。果实受到太阳直射、暴晒后，表现为皮色变深、果皮收缩，如果情况得不到改善，则皮下果肉变褐不发育，形成凹陷坑，严重时组织坏死并形成凹状，感染真菌，导致果实腐烂、落果等。猕猴桃叶片受强烈阳光照射5 h即叶缘失绿、褐变发黑。叶缘变黑上卷，呈火烧状，严重时引起落叶，甚至导致植株死亡。枝干受强光照射后，皮层初期变红褐色，后期开始开裂。

（二）防护措施

（1）建园时采用大棚架规范架型，重视叶幕层培养，对强光照地区，尽量把果实保护在叶幕层下。如果果实裸露在阳光下，则可采取套袋、避阴等办法预防。

（2）有条件可全园搭建遮阳网，以防直射光灼伤果树。采用浅色遮阳网，如果是黑色，则需透光率在50%以上，有降温的效果。

（3）加强果园灌溉，高温季节需及时补充水分，保持土壤含水量。果园行间生草，可以增加果园水分的保持和土壤的湿度，生草覆盖的果园与无覆盖的果园相比，灌溉间隔时长可以适当延长。高温强光天气，灌溉时间应在 11：00 之前和 17：00 之后。

（4）在高温季节，可对叶片喷施营养液或抗旱调节剂，降低热害或日灼。

第十章　采收与储运管理

第一节　果实的采收

猕猴桃果实在树上的生长发育期一般为 120~180 d。当果实生长发育到成熟期，需要根据不同用途（鲜食、加工、贮藏）和该品种固有特征和成熟度进行适时采收。

一、果实的成熟度

果实的成熟度一般分为可采成熟度、食用成熟度和生理成熟度 3 种。猕猴桃果实成熟度随着采后用途不同而要求不同，可适当提前或推迟，因此，采收的时间主要决定于果实成熟度。

可采成熟度指果实已经完成了生长和营养物质的积累，大小已经定形，开始出现本品种近于成熟的各种色泽和性状，已达到可采阶段。这时果实还不完全适于鲜食，但却适于长期贮藏和运输，如供贮藏用的苹果、香蕉、猕猴桃都应在这时采收。

食用成熟度是指果实已经具备本品种的固有色、香、味、形等多种优良性状，达到最佳食用期的成熟状态。这时采收的果实仅适于就地销售或短途运输，也可用来加工果汁、果酒、果酱等，但已不适于贮藏和远销。

生理成熟度表现为种子已经充分成熟，果肉开始软绵崩烂，果实已不适于食用，更不便贮藏和运输。一般水果都不应在这时采收，只有以食用种子为目的的板栗、核桃等果实才在生理成熟度采收。

二、影响成熟指标

猕猴桃为一种特殊的水果，一般情况下其在采收时不像苹果、桃、杏等水果可以直接食用，而需要经过后熟才能达到良好的可食品质。猕猴桃成熟时外观、颜色没有明显的变化，不易直观判断成熟度，这给猕猴桃适时采收及贮藏工作带来很多不便。目前，我国猕猴桃生产上多以果实可溶性固形物含量作为果实成熟采收的指标，但其高低并不能有效地预测猕猴桃可食态时的品质。新西兰等国将采收时干物质含量作为猕猴桃采收的主要标准，可更好地预测猕猴桃可食态时的果实品质。

（一）可溶性固形物

可溶性固形物是指果实中能溶解于水的化合物的总称，包括可溶性糖、酸、维生素、氨基酸、矿物质等，是衡量果实成熟度和风味品质的指标之一。我国目前对中华和美味系列的猕猴桃将可溶性固形物含量6.5%为最低采收指标。NY/T 1392—2015《猕猴桃采收与贮运技术规范》中适宜采收期可溶性固形物含量为≥6.2%。

（二）果实干物质

果实采收时的干物质含量与果实采后品质和耐贮性关系密切。猕猴桃果实采收过早，果实干物质含量低，果实成熟度不够，造成果实达到可食态时香气缺乏、含糖量过低、含酸量偏高等缺点；采收过晚，果实干物质含量高，果实已经充分成熟，硬度明显下降，耐贮性差，不易贮藏，降低经济价值。NY/T 1392—2015《猕猴桃采收与贮运技术规范》中适宜采收期干物质含量为≥15%。

（三）成熟度采收其他指标

果面颜色：果面达到该品种的固有颜色，中华品系的果皮已转为浅褐绿或褐绿色；美味品系的果皮呈现褐色。

果肉颜色：中华品系呈现浅黄或黄色，其中红心系品种的果肉浅黄，果心部呈放射性红色；美味系品种果肉呈现浅绿或翠绿色。

种皮颜色：大多数种子的种皮呈现黑色。

三、采收期的确定及需要掌握的原则

适宜采收期是指符合一定的实际需求，如采后立即食用、采后不久可通过后熟之后食用、采后贮藏、加工要求等，或者果实达到成熟，能够充分体现品种特性和品质，此时的采收期是适宜采收期。采收期的确定可以通过采前调查与测定，来了解猕猴桃果实的品质情况。不同品种采收时间不同，

‘红阳’在盛花期后146~170 d，9月上旬采收；‘徐香’在盛花期后150~160 d，10月上中旬左右采收；‘海沃德’在盛花期后159~171 d，10月中下旬左右采收。

一般根据前几年采收期的时间，提前半个月开始每5 d左右进行果实品质检测，确定采收期。在果园（避开边际植株）的不同位置挑选有代表性的健康植株，每次随机摘取30个果实，测定（果实赤道部）果实去皮硬度、可溶性固形物含量、干物质含量，取平均值。

一般果实的可溶性固形物含量达6.5%时，即可采收。具体可视品种、用途和销售距离确定采收时间，如用于贮藏和远销的果实，采收时一般可溶性固形物含量为6.5%~8.0%。短期贮存或就地销售的果实，采收时可溶性固形物含量在8.0%以上。

一般采前15 d不能使用化学农药，采前2个月内打药要选用低毒高效的药剂，防止农药残留。在采前7~10 d停止灌溉，降低果肉水分，延长果实贮藏时间。套袋的猕猴桃建议采前5 d撕开果袋，将果实暴露，可减轻采后病害的发生，也利于果面着色自然。阴雨天、露水天不得采果，晴天并避开高温中午时间，以免软果病变。

四、采收方法

采前准备好采果袋、容器和运输工具等，并保持干净、无污染，果筐内需加软质内衬，如草秸、纸垫和棉胎等；采果人员需剪指甲、戴软质手套，做到轻采、轻放、轻装、轻运，减少果面的机械损伤。采果的顺序为先下后上，先外后内。不强行拉拽，不损伤枝条。先将果实向上推，然后轻轻拉回，使其自然脱落，一般先采大果、后采中果、再采小果。采果时，轻摘、轻放，使用采果袋或者是采果筐进行暂时储存，放至通风阴凉处散发田间热，伤果、病果和好果分开存放，清除杂物、进行分级和包装。

重复使用的采收工具应定期进行清洗、维护。采后的猕猴桃，尽量缩短在田时间，多拉慢送，运至阴凉、通风处，严谨在太阳下暴晒，以免果实水分蒸发，果皮发皱。24 h内预冷至5 ℃左右，之后入库。

第二节　采后处理与贮藏

一、分级

猕猴桃果实采收后可手工分级或机械分级。主要目的是剔除不符合标准的果实。根据猕猴桃销售一般按重量分级，大致分 3 个等级：一级 100 g 以上，二级 80~100 g，三级 80 g 以下。

根据 GB/T 40743—2021《猕猴桃质量等级》标准，分为大果和小果 2 种规格：小果类型 70 g（含 70 g）以下，代表品种有徐香、布鲁诺、猕宝、米良一号、华美 1 号、红阳、华优、魁蜜、金农、素香；特级 75 g 以上，一级 60~75 g，二级 40~60 g。大果类型 70 g 以上，代表品种有海沃德、秦美、金料、翠香、贵长、中猕 2 号、金艳、金桃、翠玉、早鲜；特级 90 g 以上，一级 75~90 g，二级 50~75 g。

二、果实贮藏

用于贮藏果实，应达到采收成熟度，具有本品种特有的果形、规格及色泽；果实要求无机械损伤、无病虫伤口、无灼伤、无畸形、无病斑；使用过细胞分裂素的果实、阴闭果、黄化果等不宜贮存。

根据贮藏时间来分，短期贮藏采用冷藏方式。可贮藏 1~3 个月。中期贮藏采用自发气调贮藏方式。将经过预冷的猕猴桃装入厚度为 0.03~0.04 mm 厚的聚乙烯塑料保鲜袋，再将塑料袋码放在木箱或塑料周转箱内，扎口。可贮藏 3~5 个月。长期贮藏采用气调贮藏方式或大帐气调贮藏方式，可贮藏 5~8 个月。

三、贮藏环境条件

入库前对制冷设备检修并调试正常。对库房及包装材料进行灭菌、消毒、灭鼠处理，然后及时通风换气。库房温度应预先 3~5 d 降至目标温度，使库充分蓄冷；对于气调贮藏，还应检查库体的气密性。

库温控制在（0±0.5）℃（美味猕猴桃）或（1±0.5）℃（中华猕猴桃），空气相对湿度为 90%~95%。气调库贮藏时 O_2 和 CO_2 浓度分别控制在

2%~3%和3%~5%，并有环境监测措施。

猕猴桃贮藏期间，每间隔10~15 d抽取一定数量的样品，对腐烂果率、果肉硬度、可溶性固形物含量分别进行检测。检测方法为：查50个果的腐烂情况，腐烂果率＜2%时可继续贮藏；检查10个果的果肉硬度，平均硬度＞3 kg/cm时可继续贮藏；将检测果肉硬度的各个样果汁液收集起来，混合均匀，用于测定可溶性固形物含量。可溶性固形物含量＜10%时，果实可继续贮藏。上述3项指标均可单独作为判断猕猴桃贮藏效果的指标，其中任何一项不符合贮藏要求时，都应及时对果实做出适当处理，以免造成不必要的损失。

第三节　猕猴桃果实的包装和运输

一、包装前选果

（1）看果柄。果柄处鲜绿，猕猴桃比较新鲜；果柄处发黑凹陷则不新鲜。

（2）看表面。表面颜色为土黄色或嫩绿色，整体颜色均匀，不发黑。

（3）看果体。果体完好，无渗汁、无破皮、无发霉、无开裂，也无局部脱毛。

（4）看软硬。猕猴桃局部变软或者表皮发皱，则内部果肉已经腐烂，不能收寄；整体变软，则成熟度太高，也不能收寄。

二、包装操作要点

（1）包材规格选择。使用纸卡方案时，卡格尺寸不小于75 mm×55 mm，深度不超过60 mm；使用珍珠棉型材和泡沫托时，推荐单格规格为70 mm×52 mm×55 mm。

（2）包装数量。猕猴桃属于后熟水果，单箱不宜太多，单层建议不超过30个，15~20个最佳，单箱建议3层以下，不超过60个为宜；避免集中成熟导致腐烂。

（3）纸箱。使用纸卡和珍珠棉型材方案时，纸箱建议使用天地盒或者飞机盒，盒型必须带孔；使用泡沫托时，箱型不限，推荐带孔。

（4）网套。非强制物料，使用纸卡和泡沫托时，如猕猴桃太小放入卡格内晃动厉害需套网套。

三、包装方式

（1）纸箱+纸卡+网套。

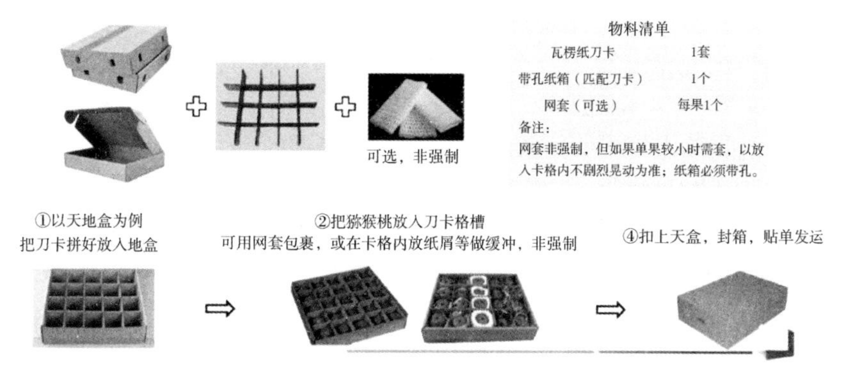

（2）纸箱+珍珠棉型材。

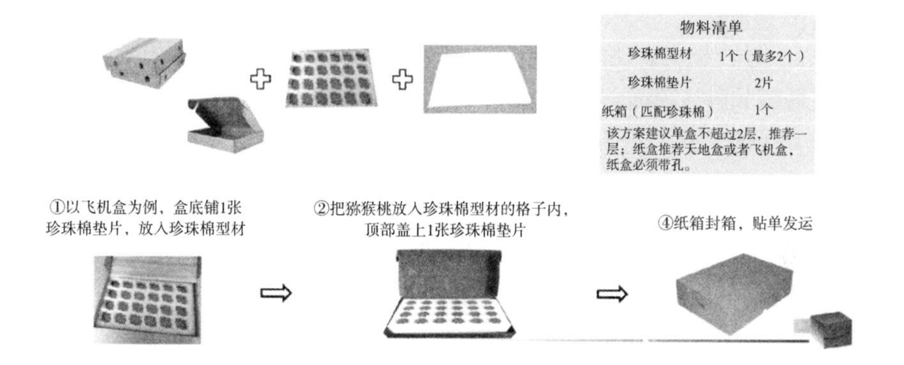

（3）纸箱+分格式泡沫托+珍珠棉垫片。

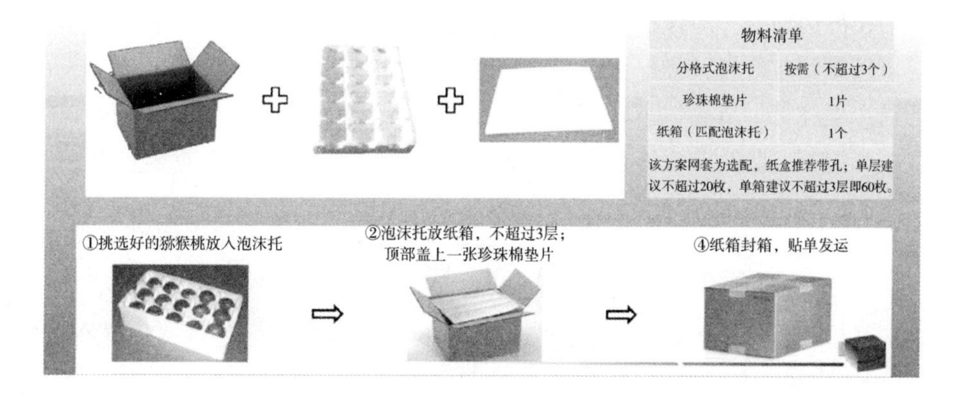

（4）同一包装内，应为同一批次、同一产地、同一等级规格、同一成熟度的猕猴桃。获得绿色食品认证并作为绿色食品销售的猕猴桃，其包装还应符合 NY/T 658 的要求。用于电商销售的每个包装单位净含量不宜超过 5 kg。

四、包装的标志

（1）包装上标志的内容应包括猕猴桃品种名称、等级、净重、产地和企业名称（生产企业、合作社或经销商）、地址和联系电话、包装日期等。要求字迹清晰、持久，易于辨认和识读。外包装还可加贴生鲜、易碎、易腐、防雨、防日晒等标志。

（2）根据产品品种特性和成熟度，标明储藏条件及食用方法。

（3）具有有关认证的猕猴桃还应按照认证机构要求使用认证标志、可追溯标志、防伪标志等。

五、运输

猕猴桃品种大都皮薄质嫩水分多，容易被挤碰受伤而降低商品性，需轻装轻卸，适量装载，行车平稳，防止剧烈震动。运输工具应清洁、卫生、无异味、无污染，严禁与其他有害、有毒、有异味的物质混装混运。短距离运输可用卡车等一般的运输工具；长距离运输要求有调温、调湿、调气设备的集装箱运输。

非温控方式运输时，需要使用篷布或其他覆盖物，根据天气情况，以防日晒、雨淋和霜冻。果箱在车内应堆码紧密，并用棉被等覆盖，以保持车厢内较低温度。

控温运输时，应保持车内温度均匀，温度控制在 0~2 ℃。每件货物均可以接触到冷空气，确保货堆中部及四周的温度均匀，防止货堆中部积热及四周产生冻害。货物与车底板及壁板之间需留有间隙，货物不直接接触车的底板和壁板，防止产生冻害。对于低温敏感的品种，货件还不能紧靠机械冷藏车的出风口或加冰冷藏车的冰箱挡板。

第十一章　猕猴桃品质、质量安全及标准体系

第一节　国内外猕猴桃品质与质量安全情况对比

一、猕猴桃营养品质指标

（一）猕猴桃果实营养品质指标情况

猕猴桃具有丰富的营养价值，有“水果之王”“V_C 之王”之称，目前已跻身于世界主流消费水果之列。其果实中含有大量的糖、氨基酸和人体必需的多种矿物质及维生素，尤以维生素 C 的含量高，远超过柑橘、苹果和梨。

目前对猕猴桃营养品质的要求，主要关注可溶性固形物的含量，个别标准还对可滴定酸或总酸（以柠檬酸计）、固酸比和维生素 C 等指标进行了要求。我国现行有效且与猕猴桃营养品质相关标准主要有 NY/T 1794—2009《猕猴桃等级规格》、GB/T 40743—2021《猕猴桃质量等级》、NY/T 425—2000《绿色食品　猕猴桃》和 NY/T 844—2017《绿色食品　温带水果》4 项。各标准中关于猕猴桃营养品质指标的比较详见表 11-1。

表 11-1　猕猴桃营养品质指标

序号	参数	NY/T 1794—2009	GB/T 40743—2021	NY/T 425—2000	NY/T 844—2017	FFV-46*
1	可溶性固形物	≥6.2%	≥6.5%	≥6%生理成熟期，≥10%后熟期	≥6.0%生理成熟期，≥10.0%后熟期	≥6.2%生理成熟期，≥9.5%后熟期
2	可滴定酸	—	—	—	≤1.5%	—

（续表）

序号	参数	NY/T 1794—2009	GB/T 40743—2021	NY/T 425—2000	NY/T 844—2017	FFV-46*
3	总酸（以柠檬酸计）	—	—	≤1.5%	—	—
4	固酸比	—	—	≥6：1.5 生理成熟期，≥10：1.5 后熟期	—	—
5	维生素 C	—	—	≥1 000 mg/kg	—	—

注：联合国欧洲经济委员会制定的 UNECE stand and FFV-46 Concerning the maketing and commercial quality control of kiwifruit（2017 edition）.

（二）国内外猕猴桃营养成分比较

根据中国疾病预防控制中心营养与健康所、美国营养素实验室、英国食品标准局、澳新食品安全局、日本文部科学省、瑞典食品局和法国食品卫生安全局等机构的数据，涉及猕猴桃总能量、蛋白质、脂肪、碳水化合物、膳食纤维、钠、维生素 E、维生素 B_1、维生素 B_2、维生素 B_6、维生素 C、烟酸、磷、钾、镁、钙、铁和锌等营养素，具体食品营养成分见表 11-2。

二、猕猴桃质量安全限量标准

猕猴桃质量安全主要包括农药残留和重金属残留。

（一）农药残留限量

根据国际食品法典委员会（CAC）、欧盟、美国、日本、新西兰等国际组织或贸易国的猕猴桃限量标准，与我国 GB 2763 中猕猴桃农药残留限量指标进行比较。目前我国制定的猕猴桃农药最大残留限量标准数量相对较多，超过新西兰、美国和 CAC，且基本覆盖 CAC 已制定限量农药，同时我国农药最大残留限量值低于 0.01 mg/kg 的约占 1/3。

1. 我国猕猴桃农药残留限量

GB 2763《食品安全国家标准　食品中农药最大残留限量》是目前我国统一规定食品中农药最大残留限量的强制性国家标准。GB 2763 标准对猕猴桃的限量要求，可以追溯至 GB 2763—2005《食品中农药最大残留限量》规定的“水果”“热带及亚热带水果（皮不可食）”2 个级别中的 17 种农药残留限量指标。随着 GB 2763 标准的制修订，2021 年 9 月 3 日发布实施的

表 11-2　国内外猕猴桃营养成分比对

营养成分	国家或地区										
	中国	美国		英国		澳新		日本	瑞典		法国
	中华猕猴桃［毛叶猕猴桃］	猕猴桃（绿色）	猕猴桃（金色）	猕猴桃（带皮称重）	猕猴桃	猕猴桃（未去皮）	猕猴桃（海沃德品种，去皮）	猕猴桃（生）	猕猴桃（罐装，沥干）	猕猴桃	猕猴桃（果肉和种子，生果）
可食部/%	83	100	100	86	100	100	100	100	100	100	100
能量/kJ	257	255	251	177	207	188	219	222	339	234	243
蛋白质/g	0. 8	1. 1	1. 2	1. 0	1. 1	0. 9	1. 2	1. 0	0. 8	0. 9	1. 1
脂肪/g	0. 6	0. 5	0. 6	0. 4	0. 5	0. 6	0. 2	0. 1	0. 4	0. 4	0. 7
饱和脂肪酸/g	—	0	0. 1	—	—	0	0. 1	0	0. 1	0. 1	0
反式脂肪酸/g	—	—	—	—	—	—	—	—	0	0	—
单不饱和脂肪酸/g	—	0. 3	0. 2	—	—	0	0	0	0. 1	0. 1	0
多不饱和脂肪酸/g	—	0	0	—	—	0	0. 1	0. 1	0. 2	0. 2	0. 3
胆固醇/mg	0	0	—	0	0	0	0	0	0	0	0
碳水化合物/g	14. 5	14. 7	14. 2	9. 1	10. 6	8. 6	9. 1	13. 5	16. 5	10. 2	9. 4

（续表）

营养成分	国家或地区										
	中国	美国		英国		澳新		日本	瑞典		法国
	中华猕猴桃［毛叶猕猴桃］	猕猴桃（绿色）	猕猴桃（金色）	猕猴桃（带皮称重）	猕猴桃	猕猴桃（未去皮）	猕猴桃（海沃德品种，去皮）	猕猴桃（生）	猕猴桃（罐装，沥干）	猕猴桃	猕猴桃（果肉和种子，生果）
糖/g	—	9.0	11.0	8.9	10.3	8.1	9.1	—	—	—	9.1
膳食纤维/g	—	3.0	2.0	1.6	1.9	1.6	3.8	2.5	3.8	3.8	2.4
可溶性膳食纤维/g	—	—	—	—	—	—	—	0.7	—	—	—
不溶性膳食纤维/g	2.6	—	—	—	—	—	—	1.8	—	—	—
钠/mg	10.0	3	3	3	4	4	4	2	1	3	39
维生素 A/μg（视黄醇当量）	11	4	4	6	7	10	10	0	9	4	0
维生素 D/μg	—	0	0	0	0	0	0	0	0	0	0
维生素 E/mg（α－生育酚当量）	2.43	1.46	1.49	—	—	1.10	1.10	1.30	0.07	0.20	1.20
维生素 K/μg	—	40.3	5.5	—	—	—	—	0	—	—	—
维生素 B_1（硫胺素）/mg	0.05	0.03	0.02	0.01	0.01	0.01	0.01	0.01	0.01	0.02	0.01

（续表）

营养成分	国家或地区										
	中国	美国		英国		澳新		日本	瑞典		法国
	中华猕猴桃［毛叶猕猴桃］	猕猴桃（绿色）	猕猴桃（金色）	猕猴桃（带皮称重）	猕猴桃	猕猴桃（未去皮）	猕猴桃（海沃德品种，去皮）	猕猴桃（生）	猕猴桃（罐装，沥干）	猕猴桃	猕猴桃（果肉和种子，生果）
维生素 B_2（核黄素）/mg	0.02	0.03	0.05	0.03	0.03	0.02	0.03	0.02	0.03	0.05	0.03
维生素 B_6/mg	—	0.06	0.06	0.13	0.15	—	—	0.12	0.03	0.06	0.11
维生素 B_{12}/μg	—	0	—	0	0	—	—	0	0	0	0
维生素 C（抗坏血酸）/mg	62.0	92.7	105.4	51.0	59.0	93.0	71.0	69.0	42.0	63.0	59.0
烟酸（烟酰胺）/mg	0.30	0.34	0.28	0.30	0.30	0.53	0.87	0.30	0.30	0.50	0.32
叶酸/μg（叶酸当量）	—	25	—	—	—	0	26	36	30	42	37
泛酸/mg	—	—	—	—	—	—	—	0.29	—	—	0.18
磷/mg	26	34	29	27	32	25	28	32	22	31	47
钾/mg	144	312	316	250	290	236	273	290	125	270	270
镁/mg	12	17	14	13	15	21	15	13	30	30	12

（续表）

营养成分	国家或地区										
	中国	美国		英国		澳新		日本	瑞典		法国
	中华猕猴桃［毛叶猕猴桃］	猕猴桃（绿色）	猕猴桃（金色）	猕猴桃（带皮称重）	猕猴桃	猕猴桃（未去皮）	猕猴桃（海沃德品种，去皮）	猕猴桃（生）	猕猴桃（罐装，沥干）	猕猴桃	猕猴桃（果肉和种子，生果）
钙/mg	27	34	20	21	25	26	28	33	30	27	27
铁/mg	1.2	0.3	0.3	0.3	0.4	0.3	0.4	0.3	0.3	0.3	0.3
锌/mg	0.57	0.14	0.10	0.10	0.1	0.10	0.14	0.10	0	0.10	0.10
碘/μg	—	—	—	—	—	0.10	0.10	—	—	—	1.10
硒/μg	0.28	—	—	—	—	—	—	—	1.0	1.0	10.0
铜/mg	1.87	—	—	0.11	0.13	—	—	0.11	—	—	0.17
锰/mg	0.73	—	—	0.10	0.10	—	—	0.11	—	—	0.07
δ-E/mg	0.77	—	—	—	—	—	—	0	—	—	—
（β-γ）-E/mg	0.44	—	—	—	—	—	—	0	—	—	—
α-E/mg	1.22	—	—	—	—	—	—	1.30	—	—	—

（续表）

营养成分	国家或地区										
	中国	美国		英国		澳新		日本	瑞典		法国
	中华猕猴桃［毛叶猕猴桃］	猕猴桃（绿色）	猕猴桃（金色）	猕猴桃（带皮称重）	猕猴桃	猕猴桃（未去皮）	猕猴桃（海沃德品种，去皮）	猕猴桃（生）	猕猴桃（罐装，沥干）	猕猴桃	猕猴桃（果肉和种子，生果）
胡萝卜素/μg	130	—	—	34	40	—	—	66	—	—	—
脂肪酸（总）/g	—	—	—	—	—	—	—	0	0	0	—
灰分/g	0.7	—	—	—	—	—	—	0.7	0.5	0.7	—
水分/g	—	—	—	72	84	84	83	85	78	84	84

注：营养素含量为100 g可食部分食品中的含量；中国数据来源于2018中国食品成分表：标准版（第6版/第一册）；国外数据来源于：食物营养成分查询．食安通．http：//www.eshian.com/sat/yyss/list。

最新版本 GB 2763—2021《食品安全国家标准　食品中农药最大残留限量》，从“水果”“浆果和其他小型类水果”“猕猴桃”等 3 个级别对猕猴桃的农药残留进行限量，GB 2763.1—2022《食品安全国家标准　食品中 2,4-滴丁酸钠盐等 112 种农药最大残留限量》在 2023 年 5 月 1 日实施，增加猕猴桃中氟啶虫胺腈和噻菌铜 2 项指标，修改吡虫啉 1 项指标。目前限量指标已达 141 项。

如表 11-3 所示，我国 GB 2763 中对猕猴桃的农药残留限量种类较为全面，包括杀虫剂、杀菌剂、除草剂、杀螨剂、植物生长调节剂等，其中杀虫剂 81 种、杀菌剂 26 种、除草剂 19 种，分别占比为 57.6%、18.0% 和 13.7%。笔者对 GB 2763 中猕猴桃农药残留限量值进行整理分析，限量值为 0.01 mg/kg 的农药种类最多，有 43 种，占 30.5%；0.01～0.1 mg/kg 的有 47 种、0.1～1 mg/kg 的有 15 种、1～10 mg/kg 的有 34 种、>10 mg/kg 的有 2 种，分别占比为 33.3%、10.6%、24.1%、1.4%。

表 11-3　中国猕猴桃农药最大残留限量种类情况

农药种类	数量/种	占比/%
杀虫剂	81	57.45
杀菌剂	26	18.44
除草剂	19	13.48
杀螨剂	7	4.96
植物生长调节剂	2	1.42
杀虫/杀螨剂	4	2.84
杀虫/除草剂	1	0.71
杀螨/杀菌剂	1	0.71
总计	141	100

2. 国外猕猴桃农药残留限量标准

（1）CAC 标准。食品法典已成为消费者、食品生产者和加工者、各国食品管理机构和国际食品贸易的全球参照标准。CAC 下设的食品法典农药残留委员会（CCPR）是国际农药残留管理的中心，基本上每年召开一次会议，对农药残留联席会议（JMPR）提出的某农药的最大残留限量值进行讨论，再报送至 CAC 大会，经讨论通过后成为 CAC 最大残留限量标准。据 CAC 官网数据显示，目前 CAC 制定的猕猴桃上农药最大残留限量指标较少，仅12种。其中杀菌剂6种、杀虫剂5种和除草剂1种，分别占50%、41.7%和8.3%。其中限量值在0.01~0.1 mg/kg的有3种、0.1~1 mg/kg的有4种、1~10 mg/kg的有3种、>10 mg/kg的有2种，分别占25.0%、33.3%、25.0%、16.7%。

（2）欧盟标准。欧盟是欧洲地区规模较大的区域性经济合作的国际组织，是我国的主要贸易伙伴，其制定的农药最大残留限量标准对国际贸易影响较大。根据欧盟农药残留数据库数据，截至2022年7月底，欧盟对猕猴桃上506种农药制定了最大残留限量，包括除草剂、杀菌剂、杀虫剂、植物生长调节剂、杀螨剂、杀鼠剂和其他。欧盟制定的限量较为严格，其中较多为除草剂、杀菌剂和杀虫剂，分别占比31.4%、27.3%和23.9%。有14种农药未规定具体限量值，限量值最小为杀菌剂咪唑嗪0.001 mg/kg，最大为杀菌剂乙膦铝150.0 mg/kg，限量值为0.01 mg/kg的占比最高，为64.8%；限量值≤0.01 mg/kg的有331种、0.01~0.1 mg/kg的有138种、0.1~1 mg/kg的有15种、1~10 mg/kg的有3种、>10 mg/kg的有5种，占比分别为65.4%、27.3%、3.0%、0.6%、1.0%。

（3）美国标准。美国是世界上主要的猕猴桃贸易国和消费国之一，其国内猕猴桃种植主要集中在加州，成熟季在10月和11月，因此，在淡季主要从新西兰、意大利、中国、智利等国进口猕猴桃。美国的农药最大残留限量由美国国家环境保护局（EPA）制定。据美国联邦法典法规第40章第180节显示，目前，美国规定了20种农药在猕猴桃上的最大残留限量，其中杀虫剂占比最高，包括3种同为杀螨剂的农药，占50.0%，另外，除草剂有5种、杀菌剂4种、植物生长调节剂1种。美国对猕猴桃的农药最大残留限量值在0.04~30 mg/kg，较为分散，其中限量值在0.01~0.1 mg/kg的有7种、0.1~1 mg/kg的有4种、1~10 mg/kg的有5种、>10 mg/kg的有4种，占比分别为35.0%、20.0%、25.0%、20.0%。

（4）日本标准。日本是主要的猕猴桃进口国和消费国。自2006年5月29日起，日本实施肯定列表制度，截至2022年7月底，其对猕猴桃上219种农药制定了最大残留限量，种类广泛，主要集中在杀虫剂、杀菌剂和除草剂，占比分别为39.3%、26.0%、18.7%。日本对猕猴桃上农药限量限定较为严格，其中有42种农药残留实施一律标准，即限量值为0.01 mg/kg，植物生长调节剂赤霉素被要求不超过自然状态下的生理水平。整体而言，关于猕猴桃的农药残留限量值，日本标准中≤0.01 mg/kg的有57种、0.01~

0.1 mg/kg 的有 77 种、0.1～1 mg/kg 的有 43 种、1～10 mg/kg 的有 34 种、>10 mg/kg 的有 7 种，占比分别为 26.0%、35.2%、19.6%、15.5%、3.2%。

（5）新西兰标准。新西兰是世界上猕猴桃产业最发达的国家，也是全球最成功的猕猴桃出口国。据统计，截至 2022 年 7 月底，新西兰食品质量安全管理局（NZFSA）对猕猴桃上 56 种农药设定了限量指标，包括杀虫剂、杀菌剂、除草剂、杀鼠剂、杀螨剂和植物生长调节剂，其中杀虫剂最多，有 28 种，占 50.0%，植物生长调节剂最少有 1 种。新西兰猕猴桃中农药最大残留限量值最小的是杀菌剂氯霉素，为 0.000 15 mg/kg，限量值最大的是杀虫剂溴甲烷，为 50 mg/kg。其中限量值≤0.01 mg/kg 的最多，有 23 种，占 41.1%；0.01～0.1 mg/kg 的有 15 种，占 26.8%；0.1～1 mg/kg 的有 5 种，占 8.9%；1～10 mg/kg 的有 12 种，占 21.4%；>10 mg/kg 的有 1 种，占 1.8%。

3. 猕猴桃农药残留限量标准比对

（1）农药种类比较分析。综合分析中国、CAC、欧盟、美国、日本和新西兰等国家或国际组织制定的猕猴桃农药最大残留限量标准，共对 649 种农药规定了残留限量。从数量上看，欧盟数量最多，共计 506 种，也最为严格，限量值不高于 0.01 mg/kg 的占比最高，为 65.4%；其次是日本，规定了 219 种，限量值不高于 0.01 mg/kg 的约占 26.0%；再则是中国、新西兰、美国和 CAC，分别规定了 139 种、56 种、20 种和 12 种农药的最大残留限量。

在农药类别方面，分布全面且较为集中，主要为杀虫剂、除草剂、杀菌剂，占总量的 80%以上；其次为杀螨剂、植物生长调节剂、杀鼠剂和其他。欧盟、日本、新西兰限定的农药类别最全，均包括了杀虫剂、除草剂、杀菌剂、杀螨剂、植物生长调节剂、杀鼠剂；而中国和美国则未对杀鼠剂进行限定；CAC 包括农药类别最少，仅有杀菌剂、杀虫剂和除草剂。

（2）农药标准覆盖情况。对猕猴桃上农药最大残留限量覆盖情况进行分析，具体数据见表 11-4。我国对 CAC 的覆盖率达到 91.7%，远高于对其他国家的覆盖率，同时也高于其他国家对 CAC 的覆盖率；我国对欧盟的覆盖率最低，为 16.8%；对猕猴桃出口国美国的覆盖率为 55.0%。CAC 和美国对其他国家或组织的覆盖率均较低，主要是因为 CAC 和美国目前在猕猴桃上限定的农药数量较少；其中 CAC 对欧盟的覆盖率最低，仅 1.8%，对新西兰的覆盖率最高，为 33.3%，说明其采纳了猕猴桃主要出口国的限量需要。除美国对 CAC 覆盖率为 33.3%外，其他国家或组织对 CAC 覆盖率均在 66.0%以上。欧盟和日本由于农药种类较多，对其他国家或组织的较高，其中，欧盟对其他国家或组织的覆盖率为 61.1%～75.0%，对中国覆盖率最低；日本对其他国家或组织的覆盖率为 26.9%～70.0%，其中，对中国覆盖率为 46.0%。作为全球猕猴桃出口大国，新西兰除对 CAC 的覆盖率最高为 66.7%外，对欧盟最低，为 7.5%，对其他国家或组织的覆盖率为 12.8%～35.0%。

表 11-4 猕猴桃农药残留限量标准中农药种类的相互覆盖情况

种类/种、覆盖率/%

国家或组织	中国	CAC	欧盟	美国	日本	新西兰
中国	139（100）	11（91.7）	85（16.8）	11（55.0）	64（29.2）	26（46.4）
CAC	11（7.9）	12（100）	9（1.8）	4（20.0）	8（13.1）	8（33.3）
欧盟	85（61.1）	9（75.0）	506（100）	14（70.0）	136（62.1）	38（67.9）
美国	11（7.9）	4（33.3）	14（2.8）	20（100）	14（6.4）	7（12.5）
日本	64（46.0）	8（66.7）	136（26.9）	14（70.0）	219（100）	28（50.0）
新西兰	26（18.7）	8（66.7）	38（7.5）	7（35.0）	28（12.8）	56（100）

注：此表是第 1 列中的国家或组织的标准与其他列中的国家或组织的标准的比较情况，数值表示“覆盖农药种类（覆盖率/%）”。

4. 我国猕猴桃登记用药情况

猕猴桃生长过程中主要发生的病害有溃疡病、褐斑病、炭疽病、灰霉病、花腐病、软腐病、根结线虫病等，主要虫害有桑白蚧、叶蝉、小卷叶蛾、蚜虫和红蜘蛛等。据农业农村部农药检定所网站农药登记数据统计，截至 2023 年 3 月，我国在猕猴桃和猕猴桃树上取得登记的农药共有 20 种，共计 36 个产品。具体有杀虫剂 3 种，包括除虫菊素、苦皮藤素、藜芦根茎提取物，各 1 个产品；杀菌剂 12 种，包括氨基寡糖素、苯甲・丙环唑、春雷・噻唑锌、氟菌・肟菌酯、喹啉铜、络氨铜、噻菌铜、王铜、香芹酚、小檗碱、唑醚・氟酰胺、唑醚・喹啉铜，各 1 个产品；既是杀虫剂又是杀菌剂的有 1 种，即苦参碱 1 个产品；植物生长调节剂 4 种，包括 1-甲基环丙烯、单氰胺、氯吡脲、噻苯隆，分别有 12 个、1 个、4 个和 2 个产品。其中复配农药5种。详见表11-5。

表11-5 中国批准登记的猕猴桃用药产品

药物类别	种类（种）	农药名称	产品数量
杀虫剂	3	除虫菊素、苦皮藤素、藜芦根茎提取物	3
杀菌剂	12	氨基寡糖素、苯甲·丙环唑、春雷·噻唑锌、氟菌·肟菌酯、喹啉铜、络氨铜、噻菌铜、王铜、香芹酚、小檗碱、唑醚·氟酰胺、唑醚·喹啉铜	12
杀虫剂/杀菌剂	1	苦参碱	1
植物生长调节剂	4	1-甲基环丙烯、单氰胺、噻苯隆、氯吡脲	20

目前我国猕猴桃已登记可用药物中，除虫菊素、苦皮藤素、藜芦根茎提取物、苦参碱、小檗碱、氨基寡糖素、春雷霉素（春雷·噻唑锌中有效成分）在NY/T 393—2020中为AA级及A级绿色食品生产允许使用的农药，1-甲基环丙烯、氯吡脲、喹啉铜、噻唑锌（春雷·噻唑锌中有效成分）、吡唑醚菌酯（唑醚·喹啉铜中有效成分）在NY/T 393—2020中为A级绿色食品生产允许使用的农药，其限量应符合GB 2763的要求，但目前GB 2763—2021和GB 2763.1—2022中仅对猕猴桃中氯吡脲、喹啉铜、噻菌铜、春雷霉素、吡唑醚菌酯有明确的限量，氨基寡糖素属于豁免最大残留限量的农药。这种限量不明确导致了猕猴桃质量安全监管中这些药物无法判定的现象的发生，存在质量安全风险隐患。

5. 常用药物比对分析

通过收集、整理、分析我国猕猴桃农药登记、生产中常用农药、农药检出情况，本研究把吡唑醚菌酯、嘧菌酯、多菌灵、氯氟氰菊酯、甲基硫菌灵、戊唑醇、苯醚甲环唑、噻虫嗪、氯吡脲、异菌脲、腐霉利、嘧霉胺、联苯菊酯、氯氰菊酯、肟菌酯、啶虫脒、氟虫双酰胺、烯酰吗啉、吡虫啉、氟氯氰菊酯等20种常用且检出风险较高的农药列为农药残留限量比较对象，结果见表11-6。中国、CAC、欧盟、美国、日本和新西兰分别对其中15种、1种、20种、2种、14种、5种农药规定了残留限量值，其中欧盟完全覆盖这20种农药，说明了这些农药是国内外猕猴桃农残标准都较为关注的项目。从限量值的差异来看，欧盟的农药残留限量最为严格，指标普遍严于我国，最高严格1 000倍，如嘧霉胺，另嘧菌酯、异菌脲、吡虫啉均严格于我国500倍。日本和新西兰规定限量的农药也普遍严于我国。

表 11-6　国内外猕猴桃农药残留限量值比较　　单位：mg/kg

农药种类	中国	CAC	欧盟	美国	日本	新西兰
吡唑醚菌酯	5	—	0.02	—	0.05	0.02*
嘧菌酯	5	—	0.01*	—	—	—
多菌灵	5	—	0.1*	—	3	—
氯氟氰菊酯	0.5[a]	—	0.05[b]	—	0.5	—
甲基硫菌灵	5	—	0.1*	—	3	—
戊唑醇	5	—	0.02*	—	—	—
苯醚甲环唑	5	—	0.1*	—	—	—
噻虫嗪	2	—	0.01*	—	—	1
氯吡脲	0.05	—	0.01*	0.04	0.1	—
异菌脲	5	5	0.01*	10	5	5
腐霉利	—	—	0.01*	—	8[c]	—
嘧霉胺	10	—	0.01*	—	—	—
联苯菊酯	2	—	0.01*	—	1	0.01*
氯氰菊酯	—	—	0.05*	—	3[d]	—
肟菌酯	—	—	0.01*	—	0.02	0.02*
啶虫脒	2	—	0.01*	—	0.2	—
氟虫双酰胺	—	—	0.01*	—	2	—
烯酰吗啉	—	—	0.01*	—	—	—
吡虫啉	5	—	0.01*	—	0.2	—
氟氯氰菊酯	0.5[e]	—	0.02*	—	0.02	—

注：—表示该标准对此项目无限量规定；* 表示该标准中此项目为临时限量；a 表示该标准中此项目为氯氟氰菊酯和高效氯氟氰菊酯；b 表示该标准中此项目为高效氯氟氰菊酯；c 表示该标准中此项目限量值到 2023 年 2 月 24 日变为 0.5；d 表示该标准中此项目限量值到 2023 年 2 月 24 日变为 2.0；e 表示该标准中此项目为氟氯氰菊酯和高效氟氯氰菊酯。

（二）重金属限量

食品污染物是食品从生产（包括农作物种植、动物饲养和兽医用药）、加工、包装、贮存、运输、销售、直至食用等过程中产生的或由环境污染带入的、非有意加入的化学性危害物质。食品中污染物是影响食品安全的重要因素之一，是食品安全管理的重点内容。国际上通常将常见的食品污染物在各种食品中的限量要求，统一制定公布为食品污染物限量通用标准。猕猴桃中重金属主要为铅和镉。不同国际组织、国家或地区重金属限量比对见表 11-7。

表 11-7　不同国际组织、国家或地区重金属限量比对　　单位：mg/kg

序号	重金属	中国		CAC	欧盟	澳新	韩国
		GB 2762—2017	GB 2762—2022				
1	铅	0.2	0.1	0.1	0.2	0.1	0.1
2	镉	0.05	0.05	—	0.05	—	0.05

三、绿色食品猕猴桃标准

据统计，目前我国针对绿色食品猕猴桃的行业标准和地方标准，共计 11 项。见表 11-8。

表 11-8　绿色食品猕猴桃标准

序号	标准名称	标准种类
1	NY/T 844—2017《绿色食品　温带水果》	行业标准
2	NY/T 425—2000《绿色食品　猕猴桃》	
3	NY/T 391—2021《绿色食品　产地环境质量》	
4	NY/T 393—2020《绿色食品　农药使用准则》	
5	NY/T 394—2021《绿色食品　肥料使用准则》	
6	NY/T 658—2015《绿色食品　包装通用准则》	
7	NY/T 1054—2021《绿色食品　产地环境调查、监测与评价规范》	
8	DB22/T 2266—2015《绿色食品　软枣猕猴桃生产技术规程》	地方标准
9	DB36/T 877—2015《绿色食品　猕猴桃栽培技术规程》	
10	DB42/T 1032—2014《绿色食品　猕猴桃生产技术规程》	
11	DB62/T 1650—2007《绿色食品　陇南猕猴桃生产技术规程》	

行业标准 NY/T 425—2000 和 NY/T 844—2017 主要对绿色食品猕猴桃的产品要求等进行了规定。其中 NY/T 425—2000 是专用于绿色食品猕猴桃的标准，其适用于 A 级绿色食品猕猴桃的生产和流通，对绿色食品猕猴桃的可溶性固形物、总酸（以柠檬酸计）、固酸比和维生素 C 等理化指标及 18 种卫生指标进行了限定。而 NY/T 844—2017 是针对绿色食品温带水果进行编制，其对绿色食品猕猴桃的可溶性固形物等 13 项理化指标及卫生指标进

行了限定，详见表 11-9。绿色食品猕猴桃产品需要符合 NY/T 844—2017 和 NY/T 393—2020 的要求，并应符合 GB 2763 和 GB 2762（包括修订版本及其修改单）的要求。NY/T 391—2021、NY/T 1054—2021、NY/T 393—2020、NY/T 394—2021 和 NY/T 658—2015 则主要对绿色食品的产地环境质量、农药使用、肥料使用、包装等进行了要求与规范。

地方标准 DB22/T 2266—2015、DB36/T 877—2015、DB42/T 1032—2014 和 DB62/T 1650—2007 主要对特定区域或品种的绿色食品猕猴桃的生产技术进行规范。如 T/ZLX 026—2021 对绿色食品猕猴桃生产的园地建设、定植、土肥水管理、整形修剪、花果管理、病虫害综合防治、采收与采后管理、可追溯性与档案记录等技术要求进行规范。

表 11-9 NY/T 844—2017 中绿色食品猕猴桃理化指标及卫生指标

序号	参数	限量值
1	可溶性固形物（%）	≥6.0（生理成熟期）；≥10.0（后熟期）
2	可滴定酸（%）	1.5
3	铅（以 Pb 计）（mg/kg）	0.2
4	镉（以 Cd 计）（mg/kg）	0.05
5	氧化乐果（mg/kg）	0.01
6	克百威（mg/kg）	0.01
7	敌敌畏（mg/kg）	0.01
8	溴氰菊酯（mg/kg）	0.01
9	氰戊菊酯（mg/kg）	0.01
10	苯醚甲环唑（mg/kg）	0.01
11	百菌清（mg/kg）	0.01
12	氯氟氰菊酯（mg/kg）	0.2
13	多菌灵（mg/kg）	0.5

注：根据《农药管理条例》剧毒和高毒农药不得在蔬菜生产中使用，不得检出。

四、猕猴桃产地环境标准

对我国现行有效的产地环境标准进行收集、整理，有国家标准 4 项、行业标准 11 项、地方标准 3 项、团体标准 3 项，共计 21 项，如表 11-10 所示。

国家标准中 3 项为国家强制性标准，即 GB 5084—2021、GB 15618—

2018 和 GB 3095—2012，分别对灌溉水、土壤环境及环境空气质量等要求进行限定；1 项为国家推荐性标准，即 GB/T 22339—2008 ，主要用于规范农、畜、水产品产地检测的登记、统计、评价与检索等。其中，GB 5084—2021 中农田灌溉水质控制项目分为基本控制项目和选择控制项目，基本控制项目包括 pH 值、水温、悬浮物、五日生化需氧量（BOD_5）、化学需氧量（COD_{Cr}）、阴离子表面活性剂、氯化物（以 Cl^- 计）、硫化物（以 S^{2-} 计）、全盐量、总铅、总镉、铬（六价）、总汞、总砷、粪大肠菌群数和蛔虫卵数等 16 项参数；选择控制项目包括氰化物等 20 项。GB 15618—2018 中农用地土壤污染风险筛选值的基本项目为必测项目，包括镉、汞、砷、铅、铬、铜、镍、锌等 8 项；农用地土壤污染风险筛选值的其他项目为选测项目，包括六六六、滴滴涕和苯并［a］芘等 3 项。GB 3095—2012 则对环境空气污染物如二氧化硫等基本项目及总悬浮颗粒物等其他项目进行质量评价与管理。

行业标准包括农产品产地环境的普遍性要求和相关质量监测技术规范，以及针对无公害农产品、绿色食品、有机产品等认证产品的特殊产地环境要求和评价规范等。收集到的地方标准主要针对富硒农产品和无公害农产品的产地环境。团体标准则是对特定地区产品的产地环境进行规范。

表 11-10　猕猴桃产地环境标准

序号	标准名称	标准种类
1	GB 5084—2021《农田灌溉水质标准》	国家标准
2	GB 15618—2018《土壤环境质量　农用地土壤污染风险管控标准（试行）》	
3	GB 3095—2012《环境空气质量标准》	
4	GB/T 22339—2008《农、畜、水产品产地环境监测的登记、统计、评价与检索规范》	
5	NY/T 4154—2022《农产品产地环境污染应急监测技术规范》	行业标准
6	NY/T 395—2012《农田土壤环境质量监测技术规范》	
7	NY/T 396—2000《农用水源环境质量监测技术规范》	
8	NY/T 397—2000《农区环境空气质量监测技术规范》	
9	HJ/T 332—2006《食用农产品产地环境质量评价标准》	
10	NY/T 5010—2016《无公害农产品　种植业产地环境条件》	
11	NY/T 5295—2015《无公害农产品　产地环境评价准则》	

（续表）

序号	标准名称	标准种类
12	NY/T 5335—2006《无公害食品　产地环境质量调查规范》	行业标准
13	NY/T 391—2013《绿色食品　产地环境质量》	
14	NY/T 1054—2021《绿色食品　产地环境调查、监测与评价规范》	
15	RB/T 165.1—2018《有机产品产地环境适宜性评价技术规范　第1部分：植物类产品》	
16	DB45/T 2543—2022《富硒农产品产地环境评价》	地方标准
17	DB51/T 336—2009《无公害农产品（种植业）产地环境条件》	
18	DB51/T 1068—2010《无公害农产品（种植业）产地环境监测与评价技术规范》	
19	T/LCMHT 002—2018《罗城红心猕猴桃产地环境条件》	团体标准
20	T/FXXH 001—2020《富硒农产品产地环境质量》	
21	T/PJMHT 1—2022《蒲江柑橘、猕猴桃、茶叶土壤改良技术规程》	

第二节　猕猴桃生产基地良好农业规范认证

一、良好农业规范概念与应用

良好农业规范（Good Agricultural Practice，简称GAP）作为一种适用方法和体系，通过经济的、环境的和社会的可持续发展措施，来保障食品安全和食品质量，是一套针对农产品生产的操作标准，是提高农产品生产基地质量安全管理水平的有效手段和工具。GAP包括初级生产遵循的操作规范，突出了生产全过程控制和产品质量可追溯的要求，同时也将这些规范对环境和工人健康的负面影响降到最小程度。它的实施依赖于对食品危害的鉴别及对适宜的预防和控制措施的确定。近年来，GAP已成为各国农产品质量认证认可制度的重要组成部分。

GAP认证起源于欧洲。1997年欧洲零售商农产品工作小组（EUREP）在零售商的倡导下提出了“良好农业规范”，简称为EUREPGAP。2001年EUREP秘书处首次将EUREPGAP标准对外公开发布。EUREPGAP标准主要针对初级农产品生产的种植业和养殖业，分别制定和执行各自的操作规范，鼓励减少农用化学品和药品的使用，关注动物福利、环境保护、工人的健康安全和福利，保证初级农产品生产安全的一套规范体系。它是以危害预防（HACCP）、良好卫生规范、可持续发展农业和持续改良农场体系为基础，避免在农产品生产过程中受到外来物质的严重污染和危害。1998 年美国农业部（USDA）和食品药物管理局（FDA）首次以官方的形式提出了良好农业规范（GAP）的要求。随后澳大利亚由农业、渔业和林业主管部门制定了 GAP 指南，加拿大采用 HACCP 方法，建立了农田食品安全操守。2004 年，日本农林水产省开始建立日本版 GAP，2006 年 6 月，日本农林水产省宣布 JGAP 为国家标准，其以欧洲良好农业规范为基准，以便提高国内和国际零售商认同。

我国最早在中药材行业引入 GAP 理念。2002 年 4 月国家药品监督管理局正式颁布实施《中药材质量管理规范》。2003 年卫生部（现卫健委）制定和发布了“中药材 GAP 生产试点认证检查评定办法”，作为中国官方对中药材生产组织的控制要求。同年 4 月国家认证认可监督管理委员会首次提出在我国食品链源头建立“良好农业规范”体系。2005 年 12 月 31 日，国家标准委批准发布了良好农业规范系列国家标准 GB/T 20014. 1 ~ GB/T 20014. 11，并于 2006 年 5 月 1 日正式实施，同时国家认监委正式启动了中国良好农业规范（CHINAGAP）的认证工作。目前 CHINAGAP 标准已制修订 27 项，即 GB/T 20014. 1 ~ GB/T 20014. 27，涵盖作物种植、畜禽养殖、水产养殖和蜜蜂养殖等。

CHINAGAP 是我国针对作物、果蔬、茶叶、牛羊、猪、家禽等种/养殖业所进行的良好农业规范认证。CHINAGAP 标准在制定之初就充分考虑了国际化的要求，广泛的研究了世界各国的 GAP 标准（EUREPGAP、GFSI、BRC、IFS 在内的众多标准），同时结合了中国的实际情况。2007 年 9 月 7 日 EUREPGAP 宣布将名称和标志更改为 GLOBALGAP。2009 年 2 月国家认监委和 GLOBALGAP 秘书处 FoodPLUS 完成了 CHINAGAP 和 GLOBALGAP 的基准比较，并签署《中华人民共和国国家认证认可监督管理委员会和 GLOBALGAP 关于良好农业规范认证体系基准比较的谅解备忘录》，标志着国家认监委批准从事 CHINAGAP 认证的认证机构颁发的 GAP 证书，将获得 GLOBALGAP 的认可。CHINAGAP 与 GLOBALGAP 的国际互认，为我国获证企业提供了更为广阔的国际市场，也进一步提升了我国获证企业的国际市场竞争力。

二、猕猴桃良好农业规范认证要求

良好农业规范系列国家标准分为农场基础标准（GB/T 20014.2—2013《农场基础控制点与符合性规范》）、种类基础标准（如 GB/T 20014.3—2013《作物基础控制点与符合性规范》）和产品模块标准（如 GB/T 20014.5—2013《水果和蔬菜控制点与符合性规范》）3 类。在实施认证时，应将农场基础标准、种类基础标准和（或）产品模块标准结合使用。

目前，猕猴桃在《良好农业规范认证产品目录》范围内，可以申请进行良好农业规范认证活动。猕猴桃良好农业规范认证应依据《良好农业规范认证实施规则》、GB/T 20014.2—2013《农场基础控制点与符合性规范》、GB/T 20014.3—2013《作物基础控制点与符合性规范》、GB/T 20014.5—2013《水果和蔬菜控制点与符合性规范》开展。农场基础主要包括记录的保存、内部检查/审核，场所历史和管理，员工健康安全和福利，废弃物和污染物的管理、回收与再利用，环境保护，投诉，可追溯性，食品保护，良好农业规范认证状态，标志使用，可追溯性与隔离等 11 部分内容；作物基础包括可追溯性、繁殖材料、场所历史和管理、土壤管理、肥料的使用、灌溉和（或）施肥、有害生物综合管理（IPM）、植保产品等 8 部分内容；果蔬模块包括繁殖材料、土壤和基质的管理、灌溉/施肥、采收、农产品处理等 5 部分内容。共 256 个控制点，其中 1 级控制点 102 个，2 级控制点 127 个、3 级控制点 27 个。良好农业规范系列国家标准应使用最新版本。

（一）认证委托人资质要求

1. 认证委托人应具备以下条件

（1）能对生产过程和产品负法律责任，已取得国家公安机关颁发的居民身份证的自然人，或是在国家工商行政管理部门或有关机构注册登记的法人。

（2）已取得相关法规规定的行政许可（适用时）。

（3）认证委托人及其相关方生产、处理的产品符合相关法律法规、质量安全卫生技术标准及规范的基本要求。

（4）认证委托人按照标准要求建立和实施了文件化的种植/养殖的操作规程或良好农业规范管理体系（适用时），并在初次检查前至少有 3 个月的完整记录。

（5）申请认证的产品应在国家认监委公布的《良好农业规范产品认证目录》内。

（6）认证委托人及其相关方在过去一年内未出现产品质量安全重大事故及滥用或冒用良好农业规范认证标志宣传的事件。

（7）认证委托人及其相关方一年内未被认证机构撤销认证证书。

2. 认证委托人应提交以下材料

（1）良好农业规范初次认证/再认证申请书。

（2）营业执照复印件。

（3）注册商标复印件（如果有）。

（4）相关生产许可证复印件（适用时）。

（5）土地使用证明材料复印件。

（6）认证产品生产流程。

（7）认证产品加工流程图（适用时）。

（8）认证产品消费国家/地区对药物残留限量要求材料。

（9）生产记录清单。

（10）内部检查表。

（11）管理体系文件：质量手册、程序文件、作业指导书（仅初次认证）。

（12）其他。

（二）管理体系文件

根据良好农业规范认证要求，认证委托人应制定管理体系文件，包括质量手册、程序文件和作业指导书。

质量手册应至少包括认证委托人简介、组织机构设置和职责（如组织框架、部门职责和岗位职责等）、文件控制、记录管理、员工管理、设施设备管理、卫生管理、生产管理、内部检查、投诉处理、产品追溯及召回等内容。

根据实际生产编制适用的程序文件，例如文件和记录管理程序、预防和纠正措施程序、内部检查程序、员工培训管理程序、员工健康安全和福利管理程序、基地管理计划、出入库管理程序、卫生管理程序、产品追溯与隔离程序、投诉处理程序、产品召回程序、证书和标志使用程序等。

应建立作业指导书，如农场管理计划、农场卫生规程、废弃物和污染物处理计划、野生动植物保护管理计划、事故和紧急情况处理规程、投入品

（肥料、植保产品等）使用与管理规程、水资源管理计划、产品取样规程、产品检验规程、农产品采收与包装卫生规程、玻璃和透明硬塑料管理规程、有害生物诱捕点和陷阱点计划、来访者个人卫生和安全规程、食品防护计划、节约能源行动计划、新种植土地风险评估规程、有机肥料风险评估规程、水质风险评估规程、植保产品使用风险评估规程、农产品采收和运输卫生状况风险评估规程等。

（三）员工培训

根据农场生产需求，每年定期制订年度培训计划（包括培训内容、培训对象、培训时间、考核方式等内容），对农场从事管理、技术、生产等不同岗位的员工提供基础知识培训、卫生安全健康培训及岗位技能培训，使其业务相关知识与技能得到不断更新，保证员工具备应有条件及资质能力，使农场发展得到重要保证。

从事植物保护、肥料使用等专业技能培训的培训授课人员应具备相应的培训资质。培训应填写“农场员工培训记录”，对培训内容、培训人员、培训时间、培训地点、授课人员及培训效果等进行记录，培训后将有关记录统一收集存档。

1. 员工基础知识培训

（1）农场简介、员工纪律、质量方针和质量目标、农场的有关管理规章制度、农场的环境及工作性质介绍、农场产品的认识及品质的重要性。

（2）农产品质量安全知识、环境保护知识的培训。

（3）良好农业规范（GAP）标准基础培训及质量管理体系标准基础知识等的培训。

2. 员工卫生安全培训

农场应结合农事活动对员工进行必要的健康安全和卫生要求、急救知识的培训，使得生产员工能适应种植作业并能保护自身不受伤害。培训主要内容如下。

（1）卫生管理培训。主要包括：生产环境卫生；生产过程及设施设备卫生；员工个人卫生；产品采收与包装卫生。

（2）急救知识培训。主要包括：常见急救的方法；救急用品的使用；急救电话的正确使用。

3. 员工专业技术培训

猕猴桃生产技术培训，主要包括：园地建设；搭架建棚；定植栽培管理；土肥水管理；整形修剪；花果管理；病虫害综合防治；采收与采后管理等。

（四）生产记录档案

生产记录是农产品质量安全追溯体系建设的重要一环。《农产品质量安全法》规定农产品生产企业、农民专业合作社、农民专业合作经济组织应当建立农产品生产记录，鼓励其他农产品生产者建立农产品生产记录。如实记载农产品全程生产记录对提高上市农产品质量安全、实现终端产品质量可追溯具有重要意义。

1. 生产记录的建立

（1）记录由农场根据自身工作性质设计记录表格并实施，可根据实际工作需求对不适用的表格进行修改。

（2）建立原则，保证有足够的信息，包括报告、表格、清单及其他类型的记录形式，证明生产过程的各个环节都能达到规定要求。

（3）记录格式，由农场统一设计。记录须做到准确、规范、清晰、全面。记录的内容能准确反映产品、活动或服务的真实情况，应具备可追溯性。

2. 生产记录的控制

（1）应做好农场所有记录的控制，如记录的设计、填写、标志、存放、保护、检索和处置工作。

（2）农产品生产记录应当保留两年以上。禁止伪造、变造农产品生产记录。

3. 生产记录的填写

（1）记录用黑水笔或圆珠笔填写，应填写及时、内容完整、字迹清晰，不得随意涂改。如因某种原因不能填写的项目，应说明理由，并将该项用单杠线划去，各相关栏目负责人签名不允许空白。

（2）出于笔误需要更改的内容，可用划改。涉及检测数据的更改，还要在划改处签上更改者姓名。非生产性记录的更改也可用涂改液实现。

（3）电子化生产记录同样有效。

4. 生产记录的收集、整理、存放、保护

（1）所有记录分类收集，依日期顺序整理好，便于检索。

（2）记录应存放于通风、干燥的地方，并做好防潮、防霉、防火、防蛀工作。

（3）农场按规定的期限保管记录，保证记录在保管期内不丢失、不损坏。

（4）记录保存期由农场根据实际需要而定，一般不少于两年。

5. 生产记录的查阅、借阅

已归档的记录，需查阅、借阅时，应经农场相关负责人同意后方可进行。

6. 生产记录的销毁

对于记录超期或无查考价值的记录，经农场相关负责人同意后予以销毁。

7. 生产记录的内容

生产记录的内容包括但不限于以下内容：内部检查记录和不符合项整改记录；生产基地主要农用设备（工具）登记记录；生产基地员工培训记录、会议记录；员工花名册、员工加班记录、员工福利发放记录；农场废弃物和污染物处理清单及记录；产品出入库记录、水果购销合同、产品销售记录；投诉记录、产品召回程序验证记录；农产品处理过程投入产出比记录、能源使用记录、灌溉用水记录；施肥记录、施肥机械维护记录、肥料库存清单、肥料营养成分记录；猕猴桃登记农药名录、猕猴桃禁止（停止）使用的农药、猕猴桃推荐使用农药名录、GB 2763 中猕猴桃限量清单或猕猴桃消费国家/地区对药物残留限量清单；植保产品使用记录、植保产品施用机械校验记录、剩余药液或清洗废液处理记录、农资库植保产品库存清单；农产品处理容器和工具清洁保养记录；生产基地检测情况记录；农产品储存温湿度记录、称重和温度控制设施定期验证记录；有害生物控制检查和处理记录；野生动植物保护计划改善栖息地的行动清单；纠正和预防措施实施情况登记记录；年度培训计划；年度检定/校准计划；文件（资料）归档登记记录、文件（资料）借阅登记记录、文件发放登记记录、文件更改审批记录；生产基地风险评估报告、水质风险评估报告、有机肥料风险评估报告、植保产品使用风险评估报告、农产品采收和运输卫生状况风险评估报告、工作健康安全及卫生风险评估报告等。

（五）种植生产要求

猕猴桃的种植生产要求主要包括种植基地管理、农业投入品管理、种植过程管理、采收与采后管理等环节。

1. 猕猴桃种植基地管理

（1）猕猴桃种植基地土地使用应符合国家法律的规定。

（2）应从以下几个方面对产地环境进行调查和评估：基地的历史使用情况（以前种植的农作物、工业和军事用途、垃圾填埋或矿业用地、自然植被等4个方面）以及土壤中农药残留、重金属污染等情况；周围农用、民用和工业用水的排污和溢流情况及土壤的侵蚀情况；周围农业生产中农药、化肥等化学投入品使用情况，包括种类及其操作方法对猕猴桃质量安全的影响。当存在污染风险时，应进行记录、制定有效的纠正措施，并有效实施，从而降低污染风险水平。

（3）基地应远离污染源、工矿区和公路、铁路干线，选择生态环境良好、无污染的地块，坡度25°以下，不宜选择北坡及西北坡。

（4）有可靠的灌溉水源和设施，灌溉用水的水质应符合 GB 5084—2021《农田灌溉水质标准》中旱地作物的要求，地下水位宜不低于0.8 m。地势低洼的地区应排水设施良好。当灌溉水存在微生物风险，则需考虑相应检测。水质检测宜由有资质的实验室实施，实验室应具有 CMA 资质，且符合 GB/T 27025 或同等标准获得认可的实验室。

（5）应按照 GB 15618—2018《土壤环境质量　农用地土壤污染风险管控标准（试行）》的规定管控土壤污染风险。土壤以土层深厚、疏松肥沃的沙壤土为好，pH 值在5.0~7.0。农场宜有土壤耕作图，如基于土壤剖面或土壤分析或区域土壤类型图。土壤检测宜由有资质的实验室实施，实验室应具有 CMA 资质，且符合 GB/T 27025 或同等标准获得认可的实验室。

（6）空气质量应符合 GB 3095—2012《环境空气质量标准》中对二类环境空气功能区的要求。

（7）基地应降低农事活动对周边环境的影响，建立野生动植物保护区，改善栖息地、增加农场生物多样性，维持生态平衡。

2. 农业投入品管理

（1）采购。应从正规渠道购买符合法律法规、获得国家登记许可、证件有效齐全、质量合格的农业投入品。按照标签和说明书对农业投入品进行核查验收，购买时应进行实名登记，索取并保存购买凭据等证明材料，如存在产品质量问题，可依法维权。猕猴桃品种宜选择抗病虫、抗逆、优质、丰产、商品性好、耐贮运的品种；苗木质量应符合 GB 19174—2010《猕猴桃苗木》的要求，经植物检疫合格，并保留检疫证。

（2）贮存。建立和保存农业投入品库存清单，按照种苗、农药、肥料、器械等对农业投入品进行分类，不同类型农业投入品应根据贮存要求采用隔离（如墙、隔板等）方式防止交叉污染，农业投入品不与农产品及其包装物存放一起。贮存仓库应符合防火、卫生、防腐、避光、通风等安全条件，配有急救药箱，温湿度适宜，出入处贴有警示标志，专人管理。植保产品库应上锁，应有储存沙、扫帚、簸箕和塑料袋等物品的固定区域，并进行标志，以便泄漏时使用。

（3）使用。应有具备专业背景或技术能力的农技人员负责、指导农业投入品的使用。

种子种苗繁殖期间，应对室内育苗过程中植保产品的使用情况进行记录。应记录定植率、定植日期。

农药的使用应严格遵守《农药管理条例》，遵守国家有关农药安全、合理使用制度，妥善保管农药，并在配药、用药过程中采取必要的防护措施，避免发生农药使用事故。应当严格按照农药的标签标注的使用范围、使用方法和剂量、使用技术要求和注意事项使用农药，不得扩大使用范围、加大用药剂量或者改变使用方法。不得使用禁用的农药、剧毒、高毒农药。严格执行安全间隔期制度。建立农药使用记录，如实记录使用农药的时间、地点、防治对象、使用作物名称及品种、农药名称、登记证号、有效成分及含量、施用机械、安全间隔期、使用量、生产企业等。应当保护环境，保护有益生物和珍稀物种，不得在饮用水水源保护区、河道内丢弃农药、农药包装物或者清洗施药器械。猕猴桃病虫害防治应遵循“预防为主，综合防治”的方针，做好病虫害的观察和监测，尽可能减少化学农药的使用次数和用量，以减轻对环境、农产品质量安全的影响。施药器械宜分类专用。施药前，施药器械应确保洁净并校准。施药后，器械及时清洗干净放置。

肥料使用应当遵循科学、安全、高效的原则，防止对环境造成污染和破坏。应当按照产品标签和说明书使用肥料，保证农产品质量安全。及时记录施肥情况，施肥记录包括施肥日期、地块名称、果园面积、栽培品种、肥料商品名、使用肥料类型、有效成分含量、施肥量、施肥方法、施肥人员等信息。

农膜、农机等其他农业投入品的使用应符合国家相关法律法规和技术标准要求，并做好相关记录。

3. 猕猴桃生产过程管理

猕猴桃生产过程管理包括猕猴桃定植栽培管理、土肥水管理、整形修剪、花果管理、病虫害综合防治等多个方面。可在管理体系文件中的"农场管理计划"中对以上内容进行规范要求，指导猕猴桃生产。依据猕猴桃生产制作猕猴桃种植生产流程图。

（1）定植栽培管理内容包括种苗选择、棚架搭建、定植时间、栽培方法等。

（2）土肥水管理包括土壤管理（深翻改土、行间生草）、肥料管理（基肥、追肥、施肥方法、施肥时间）、灌溉与排水等。

（3）整形修剪包括不同立架结构的整形（"T"形架、水平架）、冬季修剪（修剪时间、结果母枝选留、更新修剪、培养预备枝、留芽）和夏季修剪（修剪时间、抹芽、疏枝、绑蔓、摘心）等。

（4）花果管理包括疏蕾、授粉、疏果、套袋等。

（5）病虫害综合防治包括农业防治、物理防治、生物防治和化学防治等。

4. 猕猴桃采收与采后管理

猕猴桃采收与采后管理包括猕猴桃的采收、分级、包装、贮藏运输、质量安全等内容。其中采收、分级、包装、贮藏运输应注意场地、产品卫生安全及员工卫生健康安全，提前进行场地的消毒、清洁工作，配备相应设施设备，如工作服、采收筐、运输车、防爆灯、卫生间、洗手台、食品级洗手液、休息区等，并保持相关记录。

（1）采收包括采收准备、采收标准、采收时间、采收方法等。

（2）分级按照 GB/T 40743—2021《猕猴桃质量等级》、NY/T 1794—2009《猕猴桃等级规格》的要求或生产主体建立的标准施行。

（3）猕猴桃的包装标志应符合《农产品包装和标志管理办法》等国家强制性法律法规的规定。如包装材料、包装形式、标签内容、包装与标志的综合应用，良好农业规范认证产品标志使用等。

（4）贮藏运输按照 NY/T 1392—2015《猕猴桃采收与贮运技术规范》的要求执行，对环境条件、贮藏温湿度条件、通风、有害生物控制等进行规范。

（5）猕猴桃产品上市前应委托已经通过认可机构依据 GB/T 27025 实施认可的检测机构检测，质量安全检测结果不合格的不得上市，并查明原因，采取相关措施。上市产品的农药残留应符合 GB 2763 及消费国/地区的规定，污染物应符合 GB 2762 及消费国/地区的规定。

（六）功能区与标志标牌

良好农业规范认证生产基地宜合理配置基地各功能区，如蓄水池、工具库、农业投入品库、植保产品储存柜、肥料储存库、农产品处理区、农产品存放区、工作服挂放区、废弃物回收处、检测室、冷库、卫生间等。同时配备饮食区、洗手设施和饮用水、适宜居住的生活区、防护设备（防护服、胶靴、胶手套、口罩等）、急救箱、温湿度计、消防器材、农药包装回收桶、食品级洗手液等物品等。

应具备标志标牌，如生产地块进行实物标志（地块编号、产品名称品种标牌等），危险处设置警示牌（如注意安全、小心落水、小心野生动物出没、有毒等），卫生间设置明显标志牌提示员工洗手（节约用水、勤洗手、必须要洗手），农场悬挂农场规划图/区块图、种植区块品种标志，投入品库应有防潮防晒、禁止吸烟、禁止饮食、小心中毒等标志。

农场还应将必要的文件制度上墙，如来访人员须知、农场卫生规程、农产品采收与包装卫生规程、事故和紧急情况处理规程等。

（七）内部检查

通过定期组织农场内部检查，以确定农场产品生产质量管理体系运行和产品追溯体系运行的有效性，并持续进行改进。

1. 检查组构成

检查小组一般由 2 人以上组成；内部检查员必须接受过有关质量管理体系、GAP 实施知识与质量检查技巧方面的培训；了解国家相关的法律、法规及相关要求；具备丰富的种植技术知识或经验。

2. 检查周期

内部检查一般 1 年至少进行 1 次，在国家有关法律、法规发生重大变化，种植生产条件发生变化或发生严重的质量问题时可在生产季节内组织内部检查。

3. 检查准备

制订内部检查计划，在检查计划中明确详细的检查时间安排，以便作好相关准备。提出检查依据农场的 GAP 管理体系文件、国家标准及相关法律法规等。

4. 内部检查的实施

（1）召开首次会议。检查开始时，检查组长应主持召开首次会议，邀请各部门相关人员参加，对检查目的、检查范围、检查人员及其分工、检查采用的方法、工作及时间安排、内审计划中不明确的内容作简要说明。

（2）现场检查。检查员通过交谈、查阅文件记录，现场检查产品基地、农药和肥料等投入品仓库、产品处理场所、包装场所和贮存场所、卫生情况等，验证质量体系的运行和产品追溯体系运行情况、了解员工管理情况。根据检查中发现的问题，确定不符合项和改进建议。

（3）末次会议。检查结束后，由检查组长主持召开末次会议，检查过程相关人员到会。末次会议主要说明检查发现的不符合项，提出检查小组的结论和建议以及对纠正措施采取的验证安排。

5. 检查报告

根据内部检查表格完整填写。

6. 不符合项纠正

被检查部门根据不符合项和改进建议和检查报告，采取纠正措施，并填写纠正措施记录。

7. 纠正措施的验证

检查组长应安排检查员及时跟进及验证有关纠正行动的执行情况，并随时向农场负责人汇报。检查员在纠正措施记录上对纠正措施完成情况进行有效性验证。

（八）废弃物和污染物处理

加强对废弃物和污染物产生的全过程管理，从源头减少废弃物的产生。对已产生的废弃物，要积极进行无害化处理和回收利用，防止污染环境。废弃物应有固定的存放场所及设施设备，并定期进行处理，室内生产区至少每天清理一次，并做好相关记录。在废弃物回收、综合利用过程中应避免二次污染。

废弃物和污染物应实行就地减量分类，以减少其的产生和污染。农场的废弃物主要有以下两类：食物废弃物和非食物废弃物两大类。对食物废弃物和污染物，如果树枝条、水果、果皮等没有携带疾病风险的有机废弃物可经堆制后用于改良土壤。对非食物废弃物，采用就地分拣处理，要求员工先将非食性废弃物放入废弃物桶，定期运至集中堆放场进行分类，塑料、橡胶、废旧包装、废铜烂铁等可回收废弃物卖给回收农场；碎砖、石块等固形物作为建筑道路填充物；有害废弃物如电池、化学品等则单独集中处理。

农场内应有专门的农药废弃物垃圾桶，用于存放农药瓶或包装袋，并定期送至农资店，进行无害化处理。

农场作业如喷施农药、耕地、施肥等，应避免休息时间作业，减少噪声污染。

（九）投诉及产品召回处理

为保护客户权益，改进农场的质量管理。对来自客户和其他方面的投诉和申诉，应认真妥善处理。农场应建立产品投诉处理制度和产品召回制度，并每年一次执行模拟召回程序，以演练、评估和验证召回程序的有效性。对产品的意见反馈及有效投诉，应立即追查原因，明确导致召回/撤回的事故种类，采取相应纠正措施，并建立档案记录。对问题产品应根据销售记录，快速、有效地召回产品，同时也利用报纸、广播电台、电视台和互联网等传播媒体，把召回程序中的信息尽快地传达给消费者。当发生召回时，须告知良好农业规范认证机构。

参考文献

白华武，（2020-09-22）. 猕猴桃已跻身世界主流消费水果之列　陕西成为全国猕猴桃大发展领路者［EB/OL］. 西部网（陕西新闻网）. http：//sannong. cnwest. com/bwcp/a/2020/09/22/19117625. html.

程建宏，龚亚茹，2022. 汉中猕猴桃优质高产栽培技术要点［J］. 农业科技通讯（1）：287-289.

方金豹，2021. 猕猴桃：中国果树科学与实践［M］. 西安：陕西科学技术出版社.

方金豹，钟彩虹，2019. 新中国果树科学研究 70 年：猕猴桃［J］. 果树学报，36（10）：1352-1359.

郭耀辉，刘强，何鹏，2020. 我国猕猴桃产业现状、问题及对策建议［J］. 贵州农业科学，48（7）：69-73.

何鹏，刘强，郭耀辉，2021. 我国猕猴桃市场与产业调查分析报告［J］. 农产品市场（21）：46-48.

金发忠，2019. 基层农产品质量安全公共服务指南［M］. 北京：中国农业科学技术出版社.

金发忠，2019. 农产品全程质量控制技术指南［M］. 北京：中国农业科学技术出版社.

李芳廉，2022. 猕猴桃常见病虫害及防治方法［J］. 农家参谋（14）：40-42.

李富根，廖先骏，朴秀英，等，2021. 2021 版食品中农药最大残留限量国家标准（GB 2763）解析［J］. 现代农药，20（3）：7-12.

刘银兰，杨桂玲，孙月芳，等，2020. 浙江省猕猴桃质量安全现状与风险隐患及对策［J］. 浙江农业科学，61（5）：1000-1002.

马检，2022. 威宁猕猴桃主要病虫害防治要点［J］. 落叶果树，54（1）：78-80.

平华，杜远芳，颜世伟，等，2019. 猕猴桃农药残留状况及风险评估［J］. 食品工业，40（12）：201-206.

王涛，王兴宁，唐荐，等，2021. 猕猴桃产业应对技术性贸易壁垒研究［J］. 大众标准化（16）：181-184，187.

王玉芳，欧阳旭，彭运金，等，2022. 桂北猕猴桃采果后管理技术［J］. 南方园艺，33（2）：48-50.

中国海关，（2021-04-23）. 2020 年全球及中国猕猴桃行业种植面积、产量及主要贸易地区分析［EB/OL］. 中国猕猴桃网 . https：// www. zgmht. com/zixun/9552. htm.

中国农药信息网，［2023-03-31］. 农药登记数据［DB/OL］. http：// www. icama. org. cn/hysj/index. jhtml.

钟彩虹，陈美艳，李黎等，2020. 猕猴桃栽培理论与生产技术［M］. 北京：北京科学技术出版社 .

钟彩虹，黄宏文，2018. 中国猕猴桃科研与产业四十年［M］. 合肥：中国科学技术大学出版社 .

周众灵，2022. 猕猴桃栽培及管理技术［J］. 果农之友（2）：33-34.

Codex Alimentarius Commission，1995. CODEX STAN 193—1995. General standard for contaminants and toxins in food and feed［S］. Rome：FAO and WHO.